ヤバいほど面白い！

理系のネタ100

おもしろサイエンス学会［編］

はじめに

毎日のように食べているニワトリの卵だが、なぜいびつな楕円形をしているのか不思議に思ったことはないだろうか。

また、「まぜるな危険」と書かれている洗剤を実際に混ぜたらどうなるのか、酒を飲むとトイレが近くなるのはなぜなのか、人類は月に到達して50年なのに宇宙より深海の探査のほうが難しいのはなぜなのか……。よくよく考えると世の中は謎ばかりである。

そんな身近な不思議から壮大な宇宙のミステリーまで、本書は知らないままにしていた気になる疑問をスッキリ解決する。知れば知るほど頭のモヤモヤがはれ、知的好奇心をくすぐるネタを100収録した。

気になるところから読み進めていただき、「ヤバい!」「面白い!」と思っていただければこれほど嬉しいことはない。

おもしろサイエンス学会

ヤバいほど面白い！　理系のネタ１００　もくじ

１章　あのモヤモヤがスッキリわかる「身近な不思議」

2章 クスッと笑える「生きものの秘密」

3章 意外と知らない「身体と心の謎」

4章 目からウロコが落ちる「健康の真実」

5章 考え出したら止まらなくなる「宇宙と地球のミステリー」

本文デザイン・DTP　センターメディア
編集協力　フレッシュ・アップ・スタジオ
後閑英雄・河童暖・本久エリカ・大西太一

1章

あのモヤモヤがスッキリわかる
「身近な不思議」

01 「あのメロディー」が頭からこびりついて離れないのはなぜ?

ふとした拍子に、曲のフレーズが頭の中で何度も繰り返し流れることはないだろうか。その曲が耳にこびりついて頭から離れず、その曲にはよほど印象に残る出来事があったのかと回想してても、そういうことでもない。

この現象を「イヤーワーム」といい、90%以上の人が経験しているという。ワームとは一般的にはミミズのような虫をいうが、IT用語ではネットワークを通じて出現し、自らを複製・増殖して動き回るプログラムをいう。この現象はやめることができないため、人によっては非常に不愉快に感じる。

多くの人がウォーキングやランニング、歯磨きといった周期運動中に経験していることから、イヤーワームを起こす曲は、そうでない曲に比べてテンポが速い傾向にあり、動きとの関連性があるとされている。

また、いったん旋律が上がってから下がる曲は、脳がより思い出しやすく、頭の中で繰り返しやすくなると考えられる。さらに、イヤーワームになる曲は通常と異なる音程を含む傾向もあるようで、単純すぎず覚えられないほど複雑でない曲を、脳は求めているようだ。そのときの気分が引き金になることもあり、音楽と無関係の何らかの言葉やイメージが曲の歌詞を思い出させることもあるようで、記憶との関連で起きるという報告もある。

近年、大学などで研究が始まり、イヤーワームが起きる頻度が高い人は聴覚や意識的な音楽の回想をするときに活動する領域の「右横側頭回（みぎよこそくとうかい）」と、自己認識や言語に関係する「右下前頭回（みぎしたぜんとうかい）」の灰白質（かいはくしつ）が薄い傾向にあることがわかったという。だが、まだまだ研究がはじまったところで、結論を得るにはいたっていない。

プロのミュージシャンなど、日常で音楽に多く触れる人ほどイヤーワームが多く起きることもわかっており、彼らは右横側頭回の灰白質が厚いともいう。そうなるとイヤーワームが起きやすい人の研究と矛盾する。研究者はこの矛盾を、イヤーワームが単純な領域一つひとつに分けて考えられるものではなく、いくつもの脳の領域が相互に関わって起きているのではないかと予測している。

イヤーワームは人類進化で起きたエラーなのか、もしくは何らかの意味があるのか、今後の研究が待たれる。

02 「まぜるな危険」を混ぜたらどうなる？

家庭用の洗剤や漂白剤の容器に「まぜるな危険」と、目立つように表示されている。

この表示は、１９８９（平成元）年にはなかった。徳島県の主婦が風呂場の清掃でカビ取り剤とタイル洗浄剤を同時に使用したため塩素ガスが発生し、呼吸困難になって急死するという事故があった。翌年には同様の原因で5件の事故が発生した。そこで当時の通産省（現・経済産業省）は、容器の表示を見直し、１９９０年3月から、塩素系漂白剤と酸性洗浄剤のラベルに「まぜるな危険」の表示を義務づけたのである。

塩素系漂白剤に含まれる次亜塩素酸（じあえんそさん）ナトリウムは、強い酸化力や殺菌力、漂白力があるので、衣類のしみ取りや漂白、除菌、風呂場でのやっかいなカビ取りにも効果が高く、広く使われている。

だが、塩素が出やすい性質を持つ不安定な物質のため、通常はアルカリ性に調整して安定させている。この次亜鉛素酸ナトリウムに酸性洗浄剤などの酸性物質が混ざると塩素ガスが発生する。

塩素ガスは特有の刺激臭があり、呼吸器や眼、口腔などの組織を破壊する作用があり、第一次世界大戦でドイツ軍が塩素ガスを毒ガス兵器として使用したことで知られている。

塩素が持つ強い殺菌力は、プールや水道水の消毒に使用されており、かつての水道水が「カルキ臭い」とされていた臭いのもとは、次亜鉛素酸ナトリウムだったのである。

「混ぜるな」といわれれば「混ぜてみたくなる」というへそ曲がりの人もいるだろうが、これは本当に「混ぜてはいけない」のだ。

また、塩素系漂白剤に混ぜてはいけないのは酸性洗浄剤だけではない。レモンなど柑橘類（かんきつるい）に含まれるクエン酸、酢、アルコール、食塩も酸性タイプのため、塩素系漂白剤と混ざると塩素ガスが発生する。うっかり一緒にしてゴミに出すと塩素ガスが発生して危険だ。

03 「100℃のサウナ」で火傷しないのはなぜ？

サウナ好きな人は多く、健康ランドにサウナの設備を備えているところが増え、近年では自宅に家庭用サウナを設置する人もいる。サウナは蒸し風呂の一種で、古来の日本の風呂も蒸し風呂で、銭湯などで浴槽の湯に入るようになるのは江戸時代の中頃からである。

また、意外だがサウナとオリンピックには深い関係がある。1936年に開催されたベルリン五輪でサウナ発祥の地フィンランドの選手団が持ち込み、これを見た世界のアスリートが自国に持ち帰った。日本でのサウナは、1956年のメルボルン五輪でクレー射撃で出場した許斐氏利（このみうじとし）氏が、選手村のサウナ施設に感動し、自身が経営する入浴レジャー施設の東京温泉に導入したのが最初で、1964（昭和39）年の東京オリンピックでは選手村にサウナが設置され、その後は全国に普及した。

それはさておき、サウナの室温は100℃に近いとされる。50℃の風呂には熱くて入れないが、どうしてサウナには入ることができ、火傷を負わないのだろうか。

サウナの室温は高いが、空気は水よりも熱を伝えにくく、ゆっくりと伝わるために、限られた時間なら火傷をしないのだ。

また、身体の表面には数ミリの空気の層があり、周囲の温度が高くても、身体がすぐに熱くならないようになっている。ただ、サウナ内で動いたりすると、身体の周囲の空気の層が乱れて熱く感じるようになる。

サウナ内は乾燥していて湿度が低いこともある。湿度が低いと熱さに耐えやすい。蒸気を満たしたサウナでは蒸気の温度を40℃程度に調整されている。もし蒸気の温度を上げるとたちまち火傷するだろう。

さらに、サウナで大量の汗をかくことも、皮膚を守るために役立っている。汗は皮膚を覆って水の膜を作って皮膚が高温になることを防ぎ、汗が蒸発するときには身体の熱を奪っていく。この蒸発した空気の層が身体を覆って、高温から守っている効果もある。大量の汗をかくため、サウナをダイエットに利用する人もいるが、水分を補給しないままでいることは危険である。

04 味噌汁を温めると爆発することがある？

記録では「味噌」は奈良時代から食べられており、現在では大豆発酵食品として注目されている。

味噌汁は代表的な「お袋の味」で、日本人の「味覚の故郷」といえるものだろう。飲んだときに思わず「ハァ〜」と声がもれてしまう人も多い。

そんな味噌汁だが、ステンレス鍋で温めていると「ボコン、ボコン」と音がすることがある。場合によっては鍋蓋を吹き飛ばすほどの爆発にもなるが、これは「突沸（とっぷつ）」という現象である。

その原因は、水を温めると水は水蒸気になろうとして泡になって浮かんでくるが、味噌汁の味噌に含まれる麹や出汁などの細かい成分が、底の方に沈んで内蓋のようになっている。そのため泡は水蒸気になって鍋の外に出ることができず、鍋底の温度だけが上昇している。そこに鍋を揺らすなどのショックがあれば、たまった熱気が内蓋になった成分を押し上げて噴出するのだ。

パスタを茹でるときにお湯に塩を入れると、お湯が一気に「ブワッ」と膨張することを経験した人も多いだろう。これはなぜか。水を温めると水蒸気になろうとして小さな泡になるが、周囲の水に押しつぶされて消えていた状態になっていることがある。そのときに、お湯は塩が入ったショックで一気に沸騰したのである。

こうした突沸を防ぐには一気に強火で煮立てず、煮すぎたときは揺らすなどのショックを与えず、始めからオタマでゆっくりかき混ぜながら温めるのがいい。また、具の多い味噌汁では、内蓋ができにくいので突沸が起こりにくい。

また、ステンレス製の鍋は比較的、熱が伝わりにくいので加熱ムラができやすい。100℃を超えている部分の水は沸騰しない状態が保たれ、なんらかのきっかけで突然に沸騰するのである。

ステンレス製でない鍋でも起こることがあり、電子レンジで加熱したときにも起こりやすい。電子レンジで温めすぎてしまい、容器を取り出そうと揺らすと一気に沸騰するので注意してほしい。

05 書店に行くとトイレに行きたくなるのはなぜ？

1985年発行の『本の雑誌』40号に一通の投書が掲載された。

「私はなぜか長時間本屋にいると便意をもよおします。三島由紀夫の格調高き文芸書を手にしているときも、高橋春男のマンガを立ち読みしているときも、それは突然容赦なく私を襲ってくるのです。これは二、三年前に始まった現象なのですが、未だに理由がわかりません。（中略）長時間新しい本の匂いをかいでいると、森林浴のように細胞の働きが活発になり、排便作用を促すのでしょうか。それとも本の背を目で追うだけで脳が酷使されて消化が進むのでしょうか？　わからない！　誰か教えて下さい」

差出人の名前は青木まりこ氏だった。これに対して読者から自分も同じ症状になるといった投稿が大量に寄せられた。

この「書店に行くとなぜかトイレに行きたくなる現象」を「青木まりこ現象」と名づけたのは、当時『本の雑誌』編集長だった椎名誠氏だ。翌41号で「青木まりこ現象」という特集が組まれた。

どうやら書店に行くとトイレに行きたくなるのは、多くの人に共通した現象らしく、その理由についていくつもの説が出されている。

1　本を見るとリラックスするので、生理的に活性化し、トイレに行きたくなる
2　紙、インクの臭いが便意を誘う
3　狭い空間に目立った動きもせずにじっとしていることが便意を誘う
4　書店で本を手に取りマブタを伏せて読むとスイッチが切れ、緊張がほどけ便意をもよおす
5　書店に行くとリラックスできるので、便意が促される（心身ともにリラックスモードにする副交感神経が優位になっていると胃腸の働きが活発になるので、書店で安らぐと腸が働く）
6　書店に入るとトイレに行けないというプレッシャーが発生し、このプレッシャーが結果として便意をもよおすことにつながる。（しかし、トイレに行けない

というプレッシャーは本屋でなくても発生するので、書店の中だけで経験する便意の解明にはなっていない）

7　圧倒されるほどたくさんの本に囲まれ、この中から目指す本を探さなければというプレッシャーが腸に敏感に影響を与え、腸はそのストレスを訴えようとして、腸管を伸縮させるので、「本屋さんに行くと決まって便意をもよおす」ことになる

8　沢山ある本の中から読みたい本を探すという至福の行為に対し、体が「便意をもよおす」ことで抵抗する

9　本の匂いがトイレットペーパーを連想させ、それで便意がもよおされるという条件反射

などとあり、諸説紛々、今後も研究が進められていくだろう。理由がわかればひょっとしてイグノーベル賞になるかも。

06 「自分の声」は自分と他人で音が違って聞こえるのはなぜ？

録音された自分の声を聞くと「これが自分の声？」と驚き、レコーダーに問題があるのでは、と思ったことはないだろうか。実は、この録音された声が自分以外の人が聞いている本当の自分の声なのだ。

声が相手に伝わるには、空気を送って声帯を振動させ、口の形を変えたり鼻腔に響かせるなどで、いろいろな音に変えて外に出る。口から出た声は「気導音（きどうおん）」となって空中を伝わり、他人に届く。ところが、自分にはまったく違った方法で伝わっている。自分の耳に「気導音」も聞こえているのだが、声帯の振動は身体のあらゆる部分や空間を振動させながら鼓膜に伝わってくるのだ。こうした生体内部を伝播する音の伝わりを「骨伝導（こつでんどう）」という。

作曲家のベートーヴェンは、二十代後半に難聴になってほとんど音が聞こえなくなった。だが彼は歯で指揮棒を噛み、ピアノに押しつけて骨伝導で音を聞き取り、作曲を続けたという。

07 感情で涙の味は変わる?

目にゴミが入ったときを除いて、感情によって涙が流れることがある。例えば、男女のなかで「別れ話のとき」や「プロポーズされたとき」では、まったく状況が違っており、なかには嘘泣きもある。

実は、人は感情が高ぶったときに、涙が流れるメカニズムはいまだ解明されていないのだが、その涙は流したときの感情によって味が変わっている。

そもそも涙には、角膜や結膜への栄養補給やまぶたを円滑に動かす潤滑剤となり、細菌や紫外線から目を守り、雑菌を消毒するという役割がある。

涙は血液から作られている。血液の血しょうの中には体内に、酸素を運ぶ赤血球と菌などを食べる白血球、傷をふさぐ血小板があるが、この赤血球と白血球、血小板は涙腺を通れないので、それ以外の成分が涙になっているのである。また、泣いたときに出る鼻水は、涙が鼻涙管(びるいかん)を経て鼻に流れ込んだものである。

涙の98%は水分だが、塩素やナトリウム、タンパク質、糖分、カルシウムなども含まれており、ナトリウムの量が涙の味を変えているという。

泣いて涙が流れているときには、自律神経の「交感神経」と「副交感神経」が刺激を受けているが、この二つの神経が働くときの感情は同じではない。

交感神経は興奮をつかさどり、怒ったり感情が高ぶったりしたときに優位に働く。そうすると腎臓からナトリウムの排出が抑制されるため、涙の原料の体液のナトリウム濃度が多くなり、怒りや悔し涙は塩辛いものになる。

これに対して、喜んだり悲しんだりすると副交感神経の働きが優位になる。そうすると腎臓のナトリウム排出が機能するため、体液のナトリウム濃度は上がらず、水っぽい涙になる。

感情による涙は、ストレスホルモンを含んでいるともされる。涙を流すことでストレス物質が排出されて、幸福ホルモンのエンドルフィンが放出されるという。泣くとなぜかスッキリとした気分になるのは、このためとされる。

08 意外と知らない「心霊写真」の真実とは？

奔放なキャラクターで人気があるモデルのローラが、2019年5月、夜景を背景に写真を撮ったところ、長袖の白シャツを着ているはずなのに左腕が背景の光が透過して半透明になっていた。彼女がこれを自身のインスタグラムに投稿したところ、ファンが「ローラの腕、透けてるー！」などと「心霊写真」としてネットで話題になった。

いわゆる「心霊写真」が初めて現れたのは1860年代初頭のことだ。アメリカのアマチュアカメラマンだったウィリアム・マムラーが死亡した従兄弟が写っている写真を公表、「幽霊の撮影に成功した」と称して一躍有名になった。マムラーはその後、プロの写真家になったが、やがて詐欺行為の疑いで裁判にかけられ、結局は無罪となったものの、失われた信頼を取り戻すことはできなかった。

その後も心霊写真は何度となく登場して話題となり、第一次世界大戦後には、戦没した家族が写り込んだ心霊写真が話題になったこともある。

もちろん「心霊写真はインチキだ」と主張する声も多く、「心霊写真は二重露光を応用したトリック写真だ」などの論証も公表されている。

心理学者によれば、「人は『三つの点』を見ただけで人間の顔だと認識する傾向がある」という。これは「シミュラクラ現象」と呼ばれるもので、「心霊写真」で人の顔だとされていても、実際には別の何かが人の顔に見えているにすぎない。

また、例えば「左足が消えている」という写真は、被写体の女性が撮影の際に足をクロスさせて立っていたことによるものだったし、「下半身が消えている」とした男性の写真は、両足が左右にいる子供の陰に隠れていたためだったりする。

あるTV番組の「心霊写真の謎を解明」というコーナーでは、プロ写真家の楓大介（かえでだいすけ）氏が、顔の消えた「心霊写真」について、「シャッタースピードが遅い状態で撮影時に動いてブレたため、背景の白い空の光に消されてしまった」と解明している。

このように、ほとんどの「心霊写真」は思い込みや勘違い、光の反射などの自然現象、手振れなどのカメラの操作ミス、被写体の姿勢などで説明ができてしまう。

ローラの左手が透けてしまったのも、シャッターと腕が動いたタイミングが合ったからであろう。

09 「かつお節がユラユラ踊る」にはワケがある？

「貫之は猫をおひおひ荷をほどき」という川柳がある。紀貫之が任地の土佐国から都に帰ってくると、猫が寄ってくるので、それを追い払いながら荷ほどきをするという、「猫に鰹節」ということわざと土佐がかつお節の産地であることをふまえた一句だ。

西暦718年に出された「養老律令」に「堅魚（かつお）」「煮堅魚（にがつお）」「堅魚煎汁（かつおいろり）」などと書かれているように、かつお節は1300年以上前から調味料として使われていた。紀貫之は平安時代の人（866年〔872年〕～945年）なので、土佐の土産がかつお節だった可能性はある。

今でも土佐清水（高知県）は、枕崎（鹿児島県）や焼津（静岡県）とならぶ代表的なかつお節の産地だ。

このかつお節、お好み焼きや炊きたてのご飯など、熱い食べ物の上にかけると、ユラユラと踊るように動く。どうしてこのようなことが起こるのだろうか。

実際にユラユラとかつお節が動いているのをよく見てほしい。すると、動いているかつお節のまわりに、湯気が立ち上っていることがわかる。かつお節は薄くて軽いので、立ち上る湯気によって浮き上がるため、踊るように動き出すのだ。

それにしても、なぜ、かつお節はそれぞれ個性があるかのような複雑な動きを見せるのか。

これは、かつお節は熱い食べ物から出た湯気に当たって動いているのだが、かつお節の厚さが均一ではないので、その当たり具合は均等ではなくムラが生じて、かつお節に変形が起こりやすい部分と起こりにくい部分ができるからで、これがかつお節を複雑に動かしているのだ。

この「かつお節が踊る」現象、私たち日本人には見慣れた光景だが、外国人の中には気味悪がる人もいるという。一種の超常現象のように見えるらしい。

10 いま、明らかにされている「人魂、火の玉」の正体は？

火の玉伝説は世界各地に存在するが、ゲームのタイトルにもなった『ウィルオウィスプ』もその一つだ。「ウィル・オー・ザ・ウィスプ（will-o'-the-wisp）」とも呼ばれる。

ウィルオウィスプは青白く光りながら空中を漂う玉で、夜の湖沼や墓場などに現れ、旅人を道に迷わせたり、底なし沼に誘い込んだりする。伝説ではウィル（ウィリアム）という名の極悪人が、死後に一度は地獄行きを逃れたものの、ついに聖ペテロから「お前は天国へも地獄へも行けない」と宣告され、煉獄の中を漂う。それを見て哀れんだ悪魔が、地獄の劫火から燃える石炭を一つ、ウィルに明かりとして渡した。その石炭の光が人々を恐れさせているという。

空中を光るものが漂う現象は昔から世界中で目撃されており、さまざまな説が唱えられている。

かつて人魂はリンが燃えているものだと考えられていた。確かにリンの中でも白リンは空気中で自然発火しやすいが、人や動物の骨に含まれるリンは発光しないので、今ではこの説は否定されている。

ホタルなどの昆虫や光る植物を見間違えたという説もある。ある昆虫学者が人魂を見かけて捕虫網で捕まえたところ、発光している小さな虫の群れだった。小さな虫が、羽化するときに偶然、発光バクテリアを身につけてしまったらしい。

可燃性ガスが空中で燃えるのが人魂に見えるという説もある。腐敗した遺体や動植物から発生したガスや、沼地などから可燃性のガスが発生し、それが燃えているのかもしれないというのだ。

しかし、最近では火の玉の正体は光速のマイクロ波が生み出す「プラズマバブル」であるという説が最も有力だ。プラズマとは、高度に電離した状態のガスで、原子核と電子がバラバラになって飛び交っている状態で、自然界でも普通に発生する。

いわゆる「火の玉」には、嵐の最中に発生するとか、空間を移動し、壁をすり抜け、不快な臭いがするなど、いくつかの特徴があり、科学者たちを悩ませてきた。

この火の玉にまつわる多くの特徴の解明に成功したという科学者が現れた。中国人科学者H・C・ウー博士だ。ウー博士によると、稲妻によって、光速に近いスピードで加速された電子が高密度のマイクロ波を放出し、その放射エネルギーが「球体のプラズマバブル」となって現れるという。

火の玉が嵐の真っただ中や、雷を伴う天候時に集中的に目撃されていることの説明は、これによってうなずける。

火の玉が持つ最も奇妙な特徴である「壁のすり抜け」についても、ウー博士らが作成した人工ファイヤーボールは、厚さ3ミリのセラミック板を通過したという。博士は板の厚さが、マイクロ波の波長より十分に薄ければ、再現可能な実験だとしている。

火の玉発生に伴う不快臭についても、イオン化された空気はオゾンと二酸化窒素を発生させるため、独特の酸性臭を発するとのことだ。

博士はほかにも、形状、音、スパーク、人体への危険性など、火の玉にまつわる多くの特徴を解明し、その正体がプラズマであることを明らかにしている。

11 「宝くじの当選」と「交通事故」の確率はどちらが高い？

ヨーロッパで販売されている宝くじ「ユーロミリオンズ」の最高当選金は、2019年に出た約219億円だが、アメリカの「パワーボール」では2016年に約1780億円の当選金が出ている。

こんな宝くじは、最初から当たるはずがないと思っているので聞き流す人もいるだろうが、もしかして当たるかもしれないと夢と希望を持っている人も多いだろう。ちなみに2017〜18年で宝くじで1億円以上の当選者、つまり、億万長者は約25時間に一人の割り合いで誕生している。

この宝くじに当たる確率を考えてみよう。「年末ジャンボ宝くじ」は、1組2000万枚で25組、計5億枚が売り出されている。1枚300円なので、発売総額は1500億円。このうち1等の7億円は25枚なので、これが当たる確率は2000万分の1になる。もし15万円で500枚買ったとしても、当選確率は4万分の1である。

それでは「ロト7」はどうか。「ロト7」は最初に自分で7つの数字を選ぶ。次に「夢ロトくん」と呼ばれる装置が7個の「本数字」や2個の「ボーナス数字」を選ぶ。この数字と、自分で選んだ数字がいくつ一致しているかによって、1等から6等までの当選が決まる。1等の賞金4億円が当たる確率は1029万5472分の1になる。とても無理だ。

ここで交通事故に遭う確率はどうか。平成21年の交通事故による死者数は4914人（事故後24時間以内に死亡）、死傷者数は91万5029人だ。日本の人口を1億2500万人とすると、あなたが交通事故に遭って怪我以上の被害に遭う確率は、0・732％（死傷者数を人口で割る）となる。ロト6の4等に当たる確率が0・164％なのだが、それよりも高い。

交通事故で死亡する確率は0・00393％（死者数を人口で割る）で、ロト6の3等に当たる確率0・00354％とほぼ同じになる。

つまり「宝くじで当選する」より、交通事故に遭う確率の方が高いのだ。

12 コタツの暖色の明かりは演出だった？

マンションなどで畳のない生活をしていても、寒くなるとコタツが欲しくなる。コタツや電気ストーブには赤外線を発しているものが多く、赤外線は物を暖める性質があることで「熱線」ともよばれている。

太陽光に当たると暖かくなるのは、この赤外線によるものである。太陽光は電磁波の一種で波長があり、波長が長いほどそのエネルギーは低くなる。人の目に見える可視光線は、紫から青、緑、黄、赤と波長が長くなり、波長が長くなるとエネルギーは低くなる。赤の外にある赤外線は赤よりも波長が長い。

すべての物質は赤外線を放出しており、人体からも出ている。赤外線は熱をよく伝える上に、人間を含む動物や食品、材木、セラミック、プラスチックなどを形成する分子の振動と合っているので吸収されやすく、熱振動に変化して熱を伝える。このことから調理器具などにも利用されている。

物体の表面で瞬時に吸収されるため、物体の内部まで赤外線は届かない。人体も同じで赤外線は「身体の芯からポッカポカ」と暖まるとイメージされているようだが、そういうことはないのだ。

冒頭にもあるように、赤外線を利用して暖を取っているものにコタツがある。なじみの深いこのコタツだが、本来、赤外線は人に見えるものではないため、当初コタツは無色だった。それだと暖まっている感じがしないということで、赤色に見えるようにしたのだ。

余談だが、「焼き鳥」はガスで焼くよりも炭火で焼くほうが美味しいとされる。ガス火は燃焼するときに二酸化炭素と水が発生し、水はガスが燃焼している間は水蒸気の状態だが、冷えると水になり、水っぽい焼き鳥になってしまう。炭火は赤外線で熱しているので水っぽくならず、表面がパリッとして旨味を閉じ込めているのだ。

13 「電子体温計」でなぜ、体温を計測できる？

いつの頃からか健康チェックには、まず体温を計るようになっている。近年では保育園児や小学生で水泳の授業があるときには、家庭では登校前に体温を計り、健康チェックをしなければプールに入れないほど厳しくなっている。

体温は体温計で測るが、体温計の歴史は古く、イタリアのガリレオ・ガリレイの仲間である医学者サントーリオ・サントーリオが1612年に発明した温度計を応用して人の体温を測定した。この温度計は気体は温度が上がると膨張する性質を応用して計測していた。

1866年に水銀を用いた体温計が発明され、日本では発明家の柏木幸助が1883年に「ガラス製水銀体温計」を製作した。水銀体温計はガラス管内に水銀を封じ込め、水銀の熱膨張の変化を読み取る実測式で、計測には腋に体温計を挟んで3～5分かかる。

室温計に着色した灯油やアルコールを用いているが、これを体温計に用いなかったのは精度では水銀に劣るからだ。

二十世紀に入ると「デジタル体温計」が登場した。温度変化によって電気抵抗の抵抗値が変化する「サーミスタ」を応用した体温計は1980年頃に出回った。

これには2種類あり、センサー部分の温度が体温と等しくなった時点で計測が終了する実測式は、水銀体温計のように計測に3分ほどかかるが、正確な結果が得られる。

もう一つの予測式は、温度上昇を計算で求めた予測値である。正確性で実測式に劣るが、体温計を脇に挟んで数十秒で計測できる。

また、人体から出ている赤外線を検知して体温を測定する「赤外線式」がある。鼻や耳に当てるだけで瞬時に体温を測定でき、「非接触系体温計」とされる。動きたがる子どもの体温を測るには最適だ。

14 「使い捨てカイロ」は、実は複雑にできている？

かつてはフランスのパリの風物詩として、秋から冬にかけて街角にマロン売りがいたが、この栗は日本の甘栗のように食べて美味しいものではなく、ポケットに入れて暖を取ったものだ。

日本でも、古くから冬の寒い日には、石を熱して布で包んだ「温石（おんじゃく）」を、懐に入れて暖を取っていた。ちなみにこれを懐石（かいせき）という。懐石料理は茶席で出すシンプルな料理で、温石のように身体を温め、空腹を和らげるものである。江戸時代には木炭の粉末にナスの茎や桐の灰を混ぜたものに着火し、金属容器に入れたものを携行していたようだ。こうした懐炉（かいろ）を忍者なども携行して放火などをしていた。

1923（大正12）年に、白金（プラチナ）の触媒作用を利用して、気化したベンジンをゆっくりと酸化発熱させる「ハッキンカイロ」が発売され、昭和50年代まで使用されていた。

アメリカ陸軍は、酸化される鉄粉が発熱することを利用した「フットウォーマー」

を使っていた。これをもとにして日本企業が1975（昭和50）年に「使い捨てカイロ」を発売した。この原理は、鉄が水に触れると錆び、この時に熱を発することだ。通常ではゆっくりと反応しているので、熱として感じることはほとんどない。

使い捨てカイロでは、粉状の鉄を使用して鉄と水や酸素と触れる面積を広くし、短時間で酸化反応を多くさせている。また、使い捨てカイロの主体は鉄粉だが、錆びる速度を速めるため、人工用土のバーミキュライトの小さな穴に水が取り込まれている。また、燃焼に必要な酸素は活性炭の表面の気孔に取り込まれており、鉄の錆を促進させる塩分も含まれている。これらを不織布の袋に入れているが、カイロに使う不織布は空気を通さないために、微孔（びこう）を開けて空気を通すようにしている。だが、このままではただちに発熱してしまうため、外装フィルムで包装し、外装フィルムを破るまで空気を遮断しているのだ。

カイロの外装フィルムを見ると、持続時間などの数値が記されている。この持続時間は発熱が40℃を超えたときから40℃を下回るまでの時間で、多くの製品は12時間となっている。また、最高温度は60℃を超えるため、皮膚に長時間にわたって直接的に接触させると低温火傷の危険がある。

15 いまさら聞けない「洗剤が汚れを落とす」しくみとは？

家庭では、毎日のように下着やシャツを洗濯している。この洗濯で汚れを落とす方法は、汚れの原因によって違ってくる。

泥のように水に溶けたりなじむものは水の中に入れて散らせばいいのだが、汚れの多くは食べ物のシミや身体から出る「皮脂」という油系の物質だ。油は水に溶けないので水洗いしても取れない。

水と油のように混じり合わない二つの異なる物質の境界面を「界面（かいめん）」（表面）といい、物質の間には必ず界面がある。この界面に働いてその性質を変え、水と油を混じり合わせることができると汚れが落ちる。その働きをするのが「界面活性剤」だ。

ウールなどを水に浸しても、水がウール繊維の中に入っていかない。これは水の分子同士が引き合う「界面張力」が強く働くからで、界面活性剤には界面張力を下げて、繊維と水がなじみやすくする「浸透作用」がある。

水と油は分離してしまうが、界面活性剤は水と油を均一に混ざり合わせることができる。油に親しむ成分が油の粒子を取り囲む「乳化作用」で、油と水を仲良くする架け橋の役割をしている。

さらに、粉末のものを水に入れても、水面に浮かんで混じり合わないことがあるが、界面活性剤は粉を取り囲んで、水に散らばせる「分散作用」もある。

界面活性剤が持つ「浸透作用」「乳化作用」「分散作用」が総合的に働いて衣類などの汚れを落としているのだ。

16 磁石とはくっつくのに、なぜ鉄同士はくっつかない？

磁石を鉄の釘に近づけると、釘は磁石に引き寄せられてくっつく。しかし、磁石ではなく鉄やニッケル、コバルト同士を近づけてもくっつかない。これはなぜだろうか。

物質は「原子」という非常に小さな粒で構成されているのだが、自身が磁石の性質を持つ「永久磁石」は、一つひとつの原子が磁石になっている。これを「原子磁石」という。つまり、棒状の永久磁石を半分にしても、それぞれ磁石になる。小さく割って砂粒状にしても砂粒ほどの磁石ができ、さらに原子という肉眼では確認できない小さな粒にしても磁石の力を持っている。

この原子には真ん中に原子核があり、その周りを電子が回転していて、磁石に力を生み出しているのである。永久磁石は電子の方向が一方向に向いていて、必ずS極とN極がある。

磁石になっていない鉄やニッケル、コバルトの原子も磁石で電子が回転しているが、電子の向きや軌道がバラバラなため、磁力が打ち消されてしまい永久磁石にはなっていないのだ。

だが、磁石ではない鉄に弱い磁界をかけたり、コイルに電流を流して磁場を与えると、鉄の原子磁石は外部の磁界に敏感に反応して一斉に磁界と同じ方向に磁極を向け、鉄全体が磁石になる。

つまり、永久磁石にほかの鉄を近づけると、その鉄もくっついて磁石になるが、永久磁石を離すと元の磁極がバラバラの鉄になって磁力がなくなる。

また、S極とS極、N極とN極は反発し合うが、S極とN極なら引きつけ合う力が働いてくっつくのである。だが現時点では、なぜS極とN極が引きつけ合うのかは、厳密には解明されていない。

17 冷凍庫でできる「氷」の白い部分はなに？

家庭用冷凍庫で作る氷には、中心に白い部分がある氷ができる。ところが、冬に池などに張る氷には白い部分はない。これは、なぜだろうか。

コップに入った水は、冷凍室に入ると外側から中心に向かって凍っていき、最後に真ん中が凍る。このとき、真ん中の部分が少しふくらむので、そこに小さな隙間がたくさんできて、空気が入り込む。この空気の泡が氷を白くしているのだ。

もう少し詳しく説明すると、もともと水道水の水の中には空気やミネラル、トリハロメタンや残留塩素などが含まれている。これらの物質にはそれぞれ「凝固点」（液体が固化して凝固する温度）があり、中でも水は特に凝固点が高いので、ほかの物質より先んじて凍っていく。冷気に触れる面から凍っていくので、外側から徐々に氷となり、その他の物質は内側へと押しやられていく。しかし空気は凍らずに気体のまま残るので、それが白く見えるのだ。

また、なぜ透明の空気が白く見えるのか。それは、氷を通過してきた光が空気の部分で乱反射するからなのだ。氷に空気が残らないようにすれば、光が乱反射することなく透明な氷を作ることができる。池にできる氷に白いのがないのは、ゆっくり凍るからだ。ゆっくり凍ると中に空気が入りにくくなるため透明な氷ができるのだ。そのため、透明な氷を作るには、時間をかけて凍らせればよい。比較的、高めの温度で凍らせていけば水が氷になる前に空気がしっかりと抜け出ていくので、白い濁りのない透明な氷が出来上がる。

家庭の冷凍庫は通常マイナス18℃ほどに保たれているが、もし温度設定ができればマイナス10℃あたりにすると、ゆっくりと凍り、透明な氷を作ることができる。

また、より透明な氷を作る時はできるだけ不純物は少なくする。例えばミネラル濃度が低い軟水や浄水器を通した水、一回沸騰させた水などを使うといいだろう。ゆっくりと凍らせるために容器は熱を伝えやすい鉄やガラスなどの熱伝導率の高いものを避けてプラスチック容器などを使う。

より熱を伝えにくく、ゆっくりと凍らせるためには製氷器の下に割り箸を二本おいて隙間を作ったり、発泡スチロールを敷いたりするといい。プチプチなどを全体に巻いて断熱性を高めるのもいいだろう。

18 二枚の板ガラスに水を挟むとはがせなくなる?

　二枚の板ガラスの間に水が入ると、ガラス同士がまるで接着剤で貼り合わせたようにピッタリとくっついてしまうことがある。無理に引きはがそうとすれば割れる恐れもあるほど強力にくっついている。なぜ、こうなるのだろうか。

　空気は、圧力が加わると体積が大きくなったり、小さくなったりできるが、水はほとんど変化しない。ガラスの間に入った水はガラスの小さな凹凸に入り込んで空気を追い出し、二枚のガラス板を一体化させてしまう。吸盤が空気を追い出してくっついているのと同じようなものだ。そのとき、ガラス面には1平方センチあたり約1キログラムの大気圧がかかった状態になるので相当大きな力でくっついているのである。

　どのようにはがしたらいいのか。もし、ガラスの端の方に少しでも空気を入れることができれば、そこから隙間を広げることができるため、はがすことができる。また、水平方向の力には弱いので、ガラス板を横に滑らせると簡単にはがせる。

2章

クスッと笑える「生きものの秘密」

19

ナマケモノが急いで逃げるときのスピードは？

南アメリカ・中央アメリカの熱帯林に生息しているナマケモノは、ミユビナマケモノ科とフタユビナマケモノ科に分かれていて、現在では5種類いるという。

指が2本のフタユビナマケモノは、指が3本のミユビナマケモノに比べると気性が荒く、わずかに素早い動作もするが、ミユビナマケモノは夜行性で、ほぼ一生を木の上で生活し、1日の移動距離も平均38メートルと、ほとんど動かない。

ミユビナマケモノは、クワ科のセクロピアの木の葉を1日に8～10グラムほどしか食べない。それぞれ好きな木が決まっているので争うこともないという。ナマケモノと同じように樹上で生活するコアラの食事量は、1日約500グラムほどというから、ナマケモノは燃費がいいのかと思えばそうでもない。食べたものを消化するのに平均で16日間かかり、気温が高くなると消化のスピードはやや上がるが、寒いときには消化スピードも遅く、満腹でありながら餓死することもあるという。

また、週に1度ほど木から下りて、木の根元に穴を掘って排便するが、肉食獣にはナマケモノを襲うチャンスになるため、命を懸けて排便をしているのである。

　では、なぜナマケモノはそんなになまけているのか。

　それは、彼らはエネルギー消費をギリギリまで抑えて極端な省エネ生活をしているからだった。ナマケモノは哺乳類でありながら周囲の気温によって体温が変動する変温動物である。そのため、体温を作る必要がないのでエネルギーの消費量が格段に少なく、エネルギー源となる食料を探し回る必要がないのだ。

　動く必要のないナマケモノには身体の筋肉が少なすぎるため、動かないのではなく動けないというのが実情のようだ。顔が笑っているようなのも、顔面に表情筋がないからこういう顔になっているだけである。

　そんな筋肉の少ないナマケモノが住むジャングルには天敵がたくさんいて、草食動物は走って逃げ切っているが、動きが遅いナマケモノは普段のスピードは時速16メートルくらい。急いでも時速120メートルほどしかなく、見つかった時点で命の終わりになる。

　ただ、彼らは動きが遅すぎて肉食動物の視界に入りづらいこともあり、また、細い木にもぶら下がれるので捕まらないことが多いという。

20 ナメクジに塩をかけると、なぜ小さくなる？

生き物の体の中にはかなりの量の水が含まれており、人でも子どもは70％、大人では60％が水分とされる。

ナメクジは殻が退化した巻き貝の仲間で、カタツムリと同じ種族。体の約90％が水でできている。カタツムリには寛容な人でも、ナメクジが湿気の多い場所にいることや、ネバネバとした粘液を出していることで嫌がられ、見つけると塩をかける人も多いのではないだろうか。ナメクジにとっては「差別だ！」といった気分だろうが、カタツムリに塩をかけてもナメクジと同じようになる。

ナメクジに塩をかけると小さくなって死んでしまうが、これは水分が濃度の高いほうから低い方に移動して同じ濃度になろうとする「浸透圧」による。ナメクジの体内の水分が塩に移動して抜け出ているのだ。

ナメクジの体はうすい膜のようなもので覆われているが、乾燥を防ぐためにいつも体の表面から粘液を出している。塩は水分を吸収する性質が強いため、ナメクジに塩をかけると表面の粘液もまったく役に立たず、体からどんどん水分が吸い出されて小さく縮んでしまうのだ。

ちなみに塩ではなく砂糖や小麦粉をかけても、ナメクジの体内の水分が抜き出されていくので同じ状態になる。

ナメクジには恨みが積もる「浸透圧」だが、人はこの作用を利用して「漬け物」や「梅酒」を作っている。梅の実の中にある梅のエキスや香りは、ホワイトリカーなどアルコール分が高い酒類に浸すと、梅の実にある糖分が外にあるアルコールや水分子を実の中に引き込む。

梅の実の中の芳香成分などのエキスはアルコールに溶け出すが、外に出ることはなく、梅の実は元の実よりもふくらむ。アルコールと同時に入れた氷砂糖がじわじわと溶けて梅の実の外では少しずつ糖度が上がっていき、氷砂糖の溶液が梅の実の糖度よりも上回ると、今度は梅の実の中に入っていたアルコールやエキス分などが外に引っ張り出され、コクのある梅酒になるのである。つまり、氷砂糖がじわじわ溶けることが重要で、梅酒は浸透圧を二度利用しているのだ。

21 タヌキがする「タヌキ寝入り」のかわいすぎる真実とは？

東京の都心でタヌキの目撃例が増えており、同時に交通事故に遭うタヌキも増えている。

タヌキは臆病で用心深い動物で、驚くと簡単に気絶してしまう。猟師が撃った鉄砲の音に驚いて失神し、しばらくあとに正気に戻って逃げ出すので、これを「タヌキ寝入り」とされてきた。

タヌキは用心深いため、イヌの臭いがするところには近づかない。近年では野犬がいなくなり、飼い犬も人が管理しているので、もともと都心に潜伏していたタヌキを見かけるようになったのである。都心では生ゴミなどのエサには困らないため、タヌキには快適な環境だ。ほとんどのタヌキは人間に近づこうとはしないので、人に慣れることもない。

生き物の中には「擬死」、つまり死んだふりをするものも多く、一種の防衛行動と考えられる。昆虫には手足をこわばらせて硬直し、指で押したぐらいでは形を変えないものもいる。哺乳類ではタヌキの他にニホンアナグマ、リス、モルモット、オポッサムも擬死をする。

しかし、人がクマと遭遇して死んだふりをするのは間違いとされるように、擬死に効果があるかは疑問だ。哺乳類を食べる肉食動物の多くは生きた動物と新鮮な死体を区別しないからだ。

タヌキの場合は死んだふりではなく気絶している。車の前に飛び出して驚いて気絶するので、そのままひかれてしまうのだろう。また、タヌキは関心のあるものを立ち止まってじっと見る習性があり、そのことも交通事故に遭うタヌキが多いことになっているのだろう。

ともあれ、愛くるしい表情のタヌキが身近で見られるようになったのは歓迎だが、彼らはマダニを持っていたり、狂犬病や皮膚病に罹っていたりするものもいて危険だ。タヌキが驚いて気絶していても近づかず、そっとしておこう。

22 シマウマのシマ模様にサバンナを生き抜く秘密があった？

アフリカのサバンナに住むシマウマは、どうしてシマ模様なのか、昔から研究者たちによってさまざまな理由が考えられてきた。

古くからいわれているのは、草の中でライオンなどの天敵に見つかりにくくするカムフラージュ効果説だが、この説はあんなに目立つ模様でカムフラージュできるはずがないと、早くから否定された。

ほかにも、仲間同士の結びつきを強くする働きや体温調節、病気を媒介する虫がつきにくくするなど、多くの説が考えられてきたが、本当のところ、どれが正しいのかわかっていなかった。

近年、カリフォルニア大学の研究者チームがシマウマのシマ模様パターンを調査し、気温や降水量、病気を媒介するツェツェバエの存在、ライオンの分布などのデータとシマ模様の関連性をコンピュータで分析し、その結果を発表した。それによると、シマウマは生息地によってシマ模様の黒い線の太さや数に差があり、濃かったり薄かったりするという。

その結果、最も関係していたのは気温だということがわかった。暑いところにすむシマウマほどシマ模様の数が多く、濃い傾向にあることが判明したのだ。その理由は、シマ模様の黒いシマは太陽の熱を留め、黒と白のシマで空気の流れに違いが生じ、小さな空気の渦ができてシマウマの皮膚の温度を低くする働きがあるという説が有力だ。

同じ地域に住むシマ模様がない動物の皮膚の温度に比べると、3℃低いということも判明した。3℃ではたいした違いがないように思えるが、ツェツェバエによる感染症にかかる割合を下げることもわかっている。

また、シマウマのシマ模様にはアブがとまりにくい効果があるともされ、病気にかかりにくくする働きがあるのではとも考えられている。

23 寿命の短いハツカネズミは心拍数が早い？

室町時代の平均寿命は、男性が15歳、女性が17歳とするデータがあり、乳児死亡率の高さが原因とされる。人口調査もしていない時代にどうやって調べたかは疑問だが、それはさておき、医療事情や食料事情が悪く、短命であったことは否めないだろう。人間は、寿命に過敏なところがあるが、他の生物の寿命はどうだろうか。

イギリスの動物学者たちが発見した世界最古の動物は、アイスランドの岸辺で獲れたアイスランドガイ（貝）で、年齢は５０７歳だったという。だが、調査のために殺されてしまうという皮肉もあった。はかない命の代表のカゲロウは寿命は１日とされる。ただし、卵が産まれて成虫になるまでが1日というわけではない。

東京工業大学の本川達夫教授によると、生きものの寿命は心拍数と関係しているという。心臓は全身に血液を送り出すポンプとして、哺乳類の心臓がドクンと動く生涯の心拍数はどの動物もほぼ同じで、心臓が15億回打つと寿命を迎えるという。

一般的に体が大きい動物ほど1分間の心拍数が少なく長生きで、ゾウの心臓が1回ドクンと打つ心周期は3秒かかり、寿命は60～80年。それに対して体が小さい動物ほど心拍数が多く、ハツカネズミなどは1分間に600～700回も打ち、1回のドクンに0・1秒しかかからない。ハツカネズミの寿命は2～3年と短い。

これからすると心拍数が1秒に1回の人間の寿命は26・3年になるのだが、安定した食料供給、安全な都市や医療の発達などが理由で長命になっているという。

小さい動物は体積に対して表面が相対的に大きく熱が逃げやすいため、体温の維持に早い脈拍が必要で短命である。大きな動物はというと、反対に熱が逃げにくいので脈拍はゆっくりで長生きするということもあるようだ。

ブタの体温が39℃、イヌやネコでも38・5℃で、ヒトと比べるとかなり高い。体温が高いほど身体能力は上がり、ウイルスなどに対しても高い抵抗力を持つことができる。

したがって体温が高いほど生存に有利になるのだが、一方で高い体温を維持するために多くのカロリーが必要になる。

24 笹好きなクマ科のパンダは草食？ 肉食？

２０１７年６月、上野動物園にいるリーリーとシンシンの間に雌パンダのシャンシャンが誕生した。ところがシャンシャンは中国籍で２０１９年６月には返さなければならないことになっていた。それを東京都と中国当局との話し合いで２０２０年12月まで延長されることになった。シャンシャンは現在も日本人に愛され続けている。そのパンダは、竹や笹を主とした乾燥食料を１日に９～14キロほども食べているので草食のように思われているが、本来は食肉目クマ科の肉食獣なのである。

草食動物は長い腸を持っていて、馬などは40メートルもあり、繊維質の消化を助けている。ところがジャイアントパンダの腸は６メートルほどしかなく、肉を与えれば食べるが、積極的に追い求めはしないという。

中国の研究チームがパンダの消化管内から、ほかの草食動物の腸管内に生息しているのと同じセルロース分解菌を発見し、竹を食べて生きていけるメカニズムを解明した。確認した腸内の細菌のうち、パンダ特有の細菌もあったという。

太古にはパンダは雑食性で、北京周辺からベトナム北部、ミャンマー北部に生息していたことは化石からわかっている。この地域での人類が増えるにつれてパンダが高緯度地域に追いやられたと考えられ、現在では四川省や陝西省の限られた地域に生息するだけである。住みかを追われてこの地域に辿り着くにも長い年月がかかっただろうし、この地域にはこれまでエサとしてきたような動物は少なく、肉食の生活を続けることは不可能だったと思われる。

しかし、肉食動物が草食をすることも大変だっただろうし、生存の本能からそこに生えている竹や笹を口にしたのだろうが、そもそも植物を消化することも難しいことだろう。パンダが食べている竹や笹で、消化しているのは17％にすぎないとされるが、逆に体質改善した結果、17％も消化できるようになったのである。

アメリカのスミソニアン国立動物園のパンダ飼育係ニコル・マコークル氏は、新たにすみついたその地では、ツキノワグマなどの肉食動物と獲物を争わなくてすむよう竹食に適応したのだと説明している。人間が保護するほどに絶滅の危機に瀕した結果なのだから。ところが２０１６年に、ＷＷＦ（世界自然保護基金）がパンダの生息数が約１８００頭になったと公式見解を発表したのである。

25 なぜ、ネコは満腹でもネズミを追いかけたがる？

ネコ派とイヌ派がいるが、日本ではネコ派が多いとされている。そうしたネコも日本に昔からいたわけではないのはご存じだろうか。

日本にネコがやってきたのは飛鳥時代や奈良時代ともいわれている。ネコはシルクロードを通り中国を経由してやってきた。やがて、農業の発達とともにネズミを退治する存在としてネコが重宝されるようになった。江戸時代になって都市化が進むとネズミを駆除する必要が増え、庶民もネコを飼うことが当たり前になり、ネコがネズミを追いかける光景はどこでも見られるようになったのだ。もっともネコはネズミだけではなく、小鳥なども追いかけている。ネコは小さくて動くものなら、何にでも興味をもつ動物なのだ。

ネコの先祖はアフリカにいるリビアネコというヤマネコで、山や野原に住む野生の動物だったといわれる。このヤマネコはエサである小さなネズミや小鳥などをとるために、やぶの中でじっと相手をうかがいながら、はうように近づいていく。そして、獲物の手前で動きを止め、狙いを定めて一気に獲物を襲いかかるという暮らしを長い間続けていた。

このヤマネコをあるときから人間が飼うようになると、だんだんおとなしくなっていった。しかし、生きていくために最も大切だった「獲物をつかまえる習性」はなくならなかった。

ネコは肉食なので、ネズミや小鳥をはじめ、ヘビ、サカナ、トカゲ、カエル、またはバッタなどの虫も食べていたので、今でも小さくて動くものを見ると、追いかけたり飛びかかったりする。普通、野生の肉食獣は空腹のときだけ狩りをして、満腹になると体を休めて、無駄なエネルギーを使わないようにしている。ところがネコは空腹でもないのに獲物を狙う。

それは、ネコの胃袋は小さいので一度に少量しか食べることができないからだ。いつでも獲物は捕まえられるとは限らないため、満腹であってもネズミを捕まえておこうという気持ちが働くのではないかと考えられている。

また、ネコは成猫になっても子ネコのような性質を持ち続けるため、遊びとしてネズミを追いかけて捕まえるのだというのだ。

26 ネコとイヌで、毛づくろいは意味が違う？

ネコはよく自分の体のあちこちを舐めて毛づくろいしているが、イヌが毛づくろいをするところはあまり見かけない。ネコとイヌで毛づくろいの違いはなんなのだろうか。

眠ってばかりいるネコは、起きている時間の約10%以上を、毛づくろいに費やすといわれるほどである。ネコがそんなに頻繁に毛づくろいをしているのは、狩りをして暮らしていた先祖からの本能的な習性と考えられている。

自然界で優秀なハンターだったネコは、小動物や虫、鳥などを狩っていた。食事のあとには体についた獲物の血や汚れなどをとり、さらに次の狩りで獲物や敵に気づかれないために自分の臭いも取り去る必要があった。それだけではなく、あのザラザラした舌で抜け毛や毛玉を舐め取り、皮膚炎も予防しているのだ。

また、ネコの毛づくろいには、夏場は唾液を気化させて体温を下げ、寒い冬には体毛の間に空気の層を作って保温効果を促すなど体温を調節する役割もあり、極度の緊張を感じたときなどには体を舐めて自身を落ち着かせるリラックス効果もあるようだ。

ネコが毛づくろいをしなくなったら、それはケガや病気の兆候という場合がある。

一方のイヌは、抜け毛の手入れなど、自分の体をケアするために毛づくろいをする習性はない。そのため、換毛期でなくても飼い主がこまめにブラッシングやトリミングをしてやらねば、皮膚炎になってしまうことがある。

もしイヌが毛づくろいをしていたら、飼い主に構ってほしいためと見られるが、皮膚のトラブルやケガ、ストレスや病気があって体調が悪く、飼い主に知ってほしいSOSのサインかもしれないのだ。

イヌは毛づくろいするのがSOS、ネコは毛づくろいをしないのがSOSである。

27 なぜ、ニワトリの卵はいびつな楕円形？

「卵」と聞くとニワトリの卵を思い浮かべるが、ニワトリの卵の形が鳥類の卵の典型ではない。鳥類の卵にはニワトリなどの一方は鈍角、他方は鋭角というイビツな楕円形のいわゆる「卵形」である。ほかには崖に巣を作る海鳥の仲間が多く産む「洋梨形」もあり、フクロウをはじめとした「円形」の卵やダチョウをはじめとした「楕円形」の4種類の形がある。

毎日のように食べているニワトリの卵だが、まん丸でもなく楕円形でもない。上から見ればほぼ円形だが、横から見ると先が細くなった、いわゆる卵形なのはどうしてだろう。

通常考えられるのは、鳥類は一部を除いて飛ぶことができるので、外敵に襲われにくい木の上や崖などに巣を作るが、それでは落下してしまう危険性もある。鳥類は進化の過程で一方は鈍角、他方は鋭角というイビツな楕円形の卵を生み出したというものだ。この形は、もし卵が転がっても元の場所に戻ってくるようになっており、巣から落下する危険性が低くなる。

アメリカのプリンストン大学などの研究者は、約1400種類の鳥類の卵の形や材質、大きさ、重さ、またメスが一度に産卵する平均数などを計測し、それぞれの鳥類の生態などとの相関関係を分析した。

その結果、鳥類の飛行能力と卵の形には「飛行能力が高い鳥ほど細長くて尖った卵を産む傾向が強い」ということがわかった。長距離を飛ぶ鳥や渡りをする鳥は、細長い楕円形や非対称な形の卵を産む傾向にあり、近距離しか飛ぶ必要のない鳥は円形に近い卵を産む傾向にあるという。

さらに、飛行能力が必要な鳥は身体もそれに応じた形になり、卵も合理的な形になったのではないかとし、体が流線形になるほど即座に飛び立つのに役立ち、卵の形も細長かったり尖った形になったりするのではないかと推測している。だが、この研究はまだ始まったばかりである。

ほとんど飛べなくなったニワトリは人為的に毎日卵を産むように育てられ、非対称だが楕円形でもなく細長くもない卵を産む。このニワトリの卵は特殊な形なのかもしれない。

28 なぜ、インコやオウムだけが人間の声マネをする？

海賊にオウムはつきものだ。スティーブンソンが『宝島』で海賊シルバーの肩にオウムをとまらせて以来、それが定番になっている。オウムのフリント船長は、なにかというと「8レアル銀貨！」と叫ぶのだが、シルバーによると「この鳥はな、二百歳ぐらい」で、難破したスペインの財宝船の引き揚げで「8レアル銀貨」という言葉を覚えたらしい。

たしかにオウムは聞いた言葉を覚えて、文字通り「オウム返し」してくることがある。オウムや九官鳥など一部の鳥類は人間の言葉をマネることができるが、それはなぜだろうか。

多くの鳥は「鳴管（めいかん）」という肺の気管と気管支の分岐点にある、発生器官で鳴き声を発しているが、オウムは口の中で舌を動かすことができ、舌の振動数を変えて音を調節でき、人間の声のような音を作り出すことができる。

実は、人間に飼われている鳥はすべて人間の声をマネしようとしているという。

しかし、舌や咽喉の構造が人間とはまったく違うために、人間のような言葉にはならない。ところが九官鳥やインコやオウムは、舌や咽喉の構造が少し人間と似ているため、人間の言葉に似た声を出せるというわけだ。

鳥はヒナから育っていくときに、親鳥や仲間の鳴き声をマネて練習しながら、鳴き声で自分の家族を識別したり、敵からの危険を知らせたりするようになる。ところが人間に飼われている鳥は、正しい鳴き方をマネて練習するチャンスがない。そこで近くにいる人間の言葉を練習してしまうというわけだ。

しかし、オウムたちが人間の言葉をわかっているかというと、もちろんそうではない。これらの鳥たちは意味もわからないまま声だけをマネているにすぎない。

シルバーの肩にとまって「8レアル銀貨！」と叫ぶフリント船長も、目の前に銀貨があったとしても、その価値はまったくわかっていないようだ。

29 「先に生まれたのはニワトリか、卵か」に正解が出た？

有名な思考実験に「ニワトリと卵はどちらが先に生まれたのか」というのがある。簡単にいうと「ニワトリが生まれるためには卵が必要で、卵が生まれるためにはニワトリが必要」なため、なにが先なのか見当がつかないことをいう。

ニワトリの先祖は、東南アジアの森に住んでいたセキショクヤケイ（赤色野鶏）という鳥だとする説が有力だ。ニワトリの先祖は羽の色が赤い野生の鳥で、もともと白いニワトリがいたわけではない。

まず最初に羽の赤い親鳥が卵を産み、その卵から突然変異などで白い羽のニワトリが生まれてきた。つまり、ニワトリの先祖が卵を産み、突然変異でニワトリが生まれたので、卵のほうがニワトリより先ということになる。

卵には「学者の卵」「画家の卵」というように、これから成長するというイメージがあり、そのことからも「卵が先」だろう。

30 カメレオンの本来の皮膚の色は透明だった？

無意識的や反射的に、相手のしぐさやクセ、表情などをマネることを「カメレオン効果」といい、相手がよい印象を持つため、円滑な人間関係が保たれるという。

また、『トム・ソーヤーの冒険』で知られるアメリカの作家マーク・トウェインは「人間はカメレオンだ。その天性、法則によって、終始行く場所の色をおびる」としている。生まれたときはみんな同じスタートだが、カメレオンのように育つ環境によって色を変え、自分の個性を創り上げて生きていくというのだ。

そんな誰もが知るカメレオンは、皮膚の色を周囲に合わせて変えている。グリーンの物の上にいると、瞬く間にグリーンに変色するのだが、これはなぜか。

カメレオンが変色する仕組みは皮膚そのものにある。カメレオンの皮膚には白、黒、茶、緑、赤というさまざまな色の細胞があり、周囲の色に合わせて、その色の細胞を大きくしているのだ。

また、カメレオンは目で見た周囲の色に合わせていると思われがちだが、瞬時に色を変えているので、目で周囲を確認していないことがわかる。周囲の色の波長や光、熱を皮膚が感じ取って変色していたのだ。ちなみに、カメレオンの目も特徴的で左右で違った動きができる。

カメレオンが皮膚の色を変える理由として、一番に外敵から身を守るということがあるだろう。つまり、「擬態（ぎたい）」している。

ほかにも感情伝達もあるようだ。メスを奪い合って闘争心むき出しにライバルと戦う求愛行動では赤く変色する。その戦いに敗れると黒っぽくなるという。闘争の赤、落ち込んだ黒というように、カメレオンの感情が正直でだだ漏れしているデリケートな生き物かもしれない。

カメレオンの本来の皮膚は透明で、死ぬと本来の皮膚の色になると考えられるが、この場合も状況によって違うようだ。日光を浴びていたときの急死では明るめの黄色や緑、地上や木陰なら深緑や褐色で死んでいるという。

31 カメレオンの舌はボクサーのパンチよりも速いってホント?

カメレオンの舌はビックリ箱が開いたように飛び出す。カメレオンの舌の根元には骨があり、舌は骨の周りにアコーディオンのように折りたたまれて収納されている。カメレオンが昆虫などの獲物をとる場合は、顔の外側に飛び出した両眼は別々に動かすことができ、獲物との距離を把握し、一瞬にして舌を伸ばして捕獲する。

この舌はカメレオン自身の体の長さの1・5倍～2倍にも伸び、遠くにいる虫も射程内だ。単純に計算すると、人間なら約2～3メートルの舌を持っていることになる。その舌の先から粘着力が強い粘液を出しているので、いったん狙いを定めたら、取り逃がしたりはしない。

カメレオンは体の動き自体は遅いが、舌はボクサーのパンチよりも速いスピードで伸びてゆく。ボクサーのパンチは時速50キロほどだが、カメレオンの舌は時速100キロで繰り出されており、虫を捕まえるまでの時間はわずか0・05秒なのである。

32 アラスカ湾まで泳ぐサケは、なぜ生まれた川に帰れる？

秋の風物詩の一つに、婚姻色に赤くした体で川を遡上する大量のサケがある。ダイナミックな姿に圧倒されるが、そもそもサケはどのような一生を過ごすのか。

サケは川で生まれ、卵から孵化したシロザケの稚魚は、春の雪解け水とともに海に出て、8月〜11月までオホーツク海で過ごし、その後、大西洋西部へ移動して冬を越す。夏になるとベーリング海に回遊し、餌を捕食しながら大きく成長。11月頃になると南下し、アラスカ湾へ移動して冬を越す。その後、夏はベーリング海、冬はアラスカ湾を行き来して、4年後に成熟魚になったサケは、ベーリング海から千島列島沿いに南下し、9月〜12月頃には生まれ故郷の日本の川へと帰る。

外洋での長旅を終えたサケは、産卵のために故郷の河川を遡上すると、雌が産卵し雄が放精して、繁殖という役目を終えたサケは力尽きてしまう。

このように、産卵期を迎えて川に戻ってくるサケは、約2カ月間に3000キロ近い距離を泳いだという記録もある。これだけの距離を泳ぎながら、どうして迷わずに生まれた川に戻ってこられるのか。

方角がわかる理由として、視覚と磁気を頼りにしているという説がある。日の出・日の入りの太陽の角度と、体内にある磁気センサーがコンパスの役割を果たし、自分の位置を割り出しているのではないかというものだ。

ほかにも、体内時計で生まれた川まで戻る時間を正確に記憶しているという説や、海流を体感して泳ぐ向きを決定しているという説などもある。

現在では、生まれた川の臭いを覚えているという説が有力だ。サケの鼻は人間の100万倍以上の高い感度をもち、極微量の成分が感知できる。川の臭いは、数十種類のアミノ酸の組成によって決まるといわれており、アミノ酸がカギを握っているとみて、サケの嗅覚がどんな成分に反応するのかが研究されている。

実験では鼻を塞がれたサケが、生まれた川に戻れなかったという結果も出ている。

遠く離れた外洋から故郷の川の臭いを嗅ぎ分けることは人間の感覚では想像もつかないことだ。しかし、成魚になると産卵のために生まれ故郷に帰り、決死の覚悟で遡上する。秋に見るサケのダイナミックな遡上は、その前からすごかったのだ。

33 イワシの群れはなぜぶつからない？

魚の中には群れをつくっているものも多い。水族館でも見かけるイワシの群れも、ピタッと息を合わせて、まるで華麗なダンスを踊っているようだ。

水族館では自然の海よりも相当に狭いのだが、イワシの群れは整然として、決まった方向に同じスピードで泳いでいる。何かに驚いたりすると、これまで訓練していたかのように一斉に素早く方向を変えるが、イワシ同士は決してぶつかったりはしていない。なぜこんなことができるのだろうか。

この行動は、適度な距離を保つ「衝突回避」、方向やスピードを合わせる「整列」、仲間の多いほうに向かう「結合」という3つのルールからなっている。

それには、前後左右や上下の外界の変化を正確にキャッチし、素早く対応しなければならない。それを可能にしているのは、魚の頭部から尾部にかけての体の左右側面に、「側線（そくせん）」という感覚器官があるからだ。

側線は「側線鱗（そくせんりん）」に覆われており、側線鱗の下には神経から伸びる粘液管が多数開口し、水の振動や水流の方向、水圧を感じている。魚には内耳があるが、側線によっても音が聞こえているという。つまり、側線の働きによって群れの中での自分の位置を保っているのだ。魚によっては臭いを利用しているものもいるという。

また、イワシの視力はよくはないが、20メートルほどの範囲は見えているとされ、視覚によっても認識しているようだ。

イワシと同じような集団行動をするアジには、「ゼンゴ」と呼ばれる棘状の鱗が、側線を覆うように並んでいる。魚類学ではこれを「稜鱗（りょうりん）」と呼んでいる。

シマアジでは体長1センチほどの稚魚のときに、他の鱗よりも早く尾の付近から側線に沿って稜鱗ができる。稜鱗の働きは不明だが、稚魚のときにできるのは、感覚機能の発育と関連があるように思われる。仲間の魚と衝突しないよう、稜鱗が外界のシグナルを増幅しているのかもしれないとされる。

34 オレンジ色なのにサケは白身魚？

水産食品メーカーのマルハニチロが毎年アンケート調査している「回転寿司で一番の人気の寿司ネタ」。２０１９年現在、８年連続でサーモンがトップだ。そんな大人気のサーモンだが、赤身魚ではなく、白身魚だったのをご存知だろうか。

一般的な赤身魚には、カツオやマグロのように背が青く、海面付近を回遊する魚が多く、白身魚はタラやカレイのように海底を泳ぐ魚が多い。サケの身は鮮やかなオレンジ色のため、赤身魚と勘違いしている人が多い。

サケの身のオレンジ色は、アミ類の動物性プランクトンに含まれている「アスタキサンチン」の色素が定着したものだった。

しかし、サケの卵であるイクラもオレンジ色なのはなぜか。それは、アスタキサンチンは、紫外線の影響から卵を守る役割もあり、親サケは自身のアスタキサンチンを次世代に残していたのだ。産卵後の親サケの身は、卵にアスタキサンチンを与えたので、白っぽくなって本来の白身魚の色になる。

35 8本の足を持つタコの脳と心臓はどうなっている？

宇宙に生物がいるとしたら……。かつて火星人はタコのようだと考えられていた。荒唐無稽な話と思われるだろうが、究極の進化をタコ型とすることはあながちハズレではない。なぜなら、タコは頭の脳のほかに8本の足の付け根にも脳があり、合計9個の脳を持っているのだ。タコの頭に見える部分は胴体で、その中に内臓や鰓（えら）が入っている。そこと足の間にかけて存在するのが頭である。この頭にある大脳から各足の脳に指令を出している。足の脳は中枢神経の集まりで小さいのだが、各足はそれぞれで動きの判断をするという見事な分担作業をしているという。タコの足の運動神経が発達しているのはこのためだ。さらにタコには3個の心臓がある。メインの心臓は人間と同じように全身に血液や酸素を送っている。残りの2つは「鰓心臓」と呼ばれるもので、左右の鰓に配置されている。

鰓は筋肉に酸素を送っている。タコの体はほとんど筋肉でできており、その筋肉を機敏に動かすには大量の酸素を必要とするため、鰓に心臓が付いたとされている。

36 サバはどうして鮮度が落ちやすい?

イワシと並ぶ大衆魚にサバがいる。比較的安価だが、近年では豊予海峡の佐賀関あたりで獲れる「関サバ」というブランドサバもある。

一般的なサバでも、特に秋サバで胴が丸く、腹部がしっかりしたものは脂肪がのっていて旨いものだ。また、栄養価も高いとされて人気である。

だが「サバの生き腐れ」と言われるほどに、鮮度が落ちやすい魚である。生きたままで腐るということはあり得ないが、とくに夏では水から上げたサバは他の魚よりも早く死に、早く腐る。サバは動作が敏捷で高速で泳ぎ回るために、筋肉に多くの酵素を持ち、魚食性も強いために内臓に消化酵素を多く持っている。

死ぬと消化酵素によって、サバ自体が消化されはじめてしまう。そうなると腐敗菌がつきやすくなり、腐敗菌の急激増殖のために早く腐ってしまうのだ。

ちなみに、サバは傷むのが早いため、漁で陸揚げされ、数えるときに急ぐあまりいい加減になる。これを「サバを読む」という。

37 カニは8本の足でどのように歩く？

日本ではカニは横に歩くというのが常識的に思われているが、世界ではけっこう多くのカニが前に歩くことができる。日本の本州中部以南にいるアサヒガニは、前向きに歩き、横歩きはできない。

カニは10本の足があり、そのうち2本はハサミで、残りの8本が歩行のための足にあたる。カニの体は横に長い四角の胴体で、その横に足が並んでいる。この足は1本1本が太くて長いうえに足と足の間隔が狭い。そのため、前に進もうとすると足同士が絡まってしまうのだ。

ほかにも、前進するカニは日本国内にもいる。「マメコブシガニ」などは前に素早く行動するので見て驚く人も多い。マメコブシガニは足と足の間隔があるので、前に進むことができるのだ。

横に進むカニを回転させると、カニが目を回して方向感覚が狂うのか、しばらくは前に歩くという。ただし、動物愛護の精神からも、あまりおすすめはできない。

38 東日本と西日本でホタルの光り方が変わる?

ホタルがかすかな明かりを放ちながら、フワリフワリと飛ぶのは幽玄さも感じられ、かつては夏の風物詩であった。

そのホタルは尻に発光体があり、ルシフェリンという発光物質と発光を助けるルシフェラーゼという酵素が入っている。ルシフェリンがルシフェラーゼの触媒作用で、ホタルの体内のエネルギー源のATPと反応し、さらに酸素と反応して発光する。ホタルの光は、オスがメスに交信しているもので、オスの発光器はメスよりも大きい。だが、メスと交信する必要がない幼虫のホタルも発光している。幼虫のホタルは天敵に襲われると嫌な臭いを出し、光を発して食べてもまずいと知らせて、身を守っているという。

ホタルの研究者によると、ゲンジボタルの発光周期は、東日本では4秒に1度、西日本では2秒に1度と違っているという。ホタルは明滅でコミュニケーションをとるため、「光の方言」があるのではないかと考えられている。

39 きれいな桜には毒がある？

作家の梶井基次郎は「桜の樹の下には屍体が埋まっている」と言った。桜の花の美しさは華やかではあるが、死体が埋まっていても不思議ではない妖艶なものもある。そんな桜は歴史も生態も妖艶なものだった。

寒い冬が終わりに近づく頃、日本列島に春を北上させる桜前線を待ち望む人は多いが、奈良時代には花見といえば梅の花だったようだ。先進の中国文明を日本に取り入れた時代に、中国から伝来した梅が愛されたのである。平安時代になると、日本の桜を愛でるようになり、現在にまで受け継がれている。

現在、各地で花見をしている美しい桜のほとんどは、「ソメイヨシノ」という品種で、樹形は横に大きく傘状に広がり、葉が出る前に花が開き花弁は5枚である。

このソメイヨシノはオオシマザクラとエドヒカンザクラを交配させたもので、ソメイヨシノ同士を交配させても、実はできるが種子が発芽することはない。そのため「接ぎ木」によって増やしている。ソメイヨシノは限られた数の原木が元で、現在のソメイヨシノはそれらのクローン桜といえる。地域ごとに一斉に咲き、一斉に花を散らすのはこのことからだ。

また、桜の木の下では、雑草があまり育たない。桜の葉には、「クマリン」という毒性の物質があり、葉が地面に落ちて他の植物の生育を阻害しているのだ。桜餅を包んだ桜の葉の香りがクマリンの香りである。さらに、虫が桜の葉をかじるのをクマリンの香りが守っている。

また、落ち葉は腐って土に還って肥やしになり、桜の若葉が育つ糧になる。親株の根元に落ちた葉は、腐葉土になるギリギリまで臭いを放ち、虫から親株を守っている。

クマリンはパセリやにんじん、もも、ミカンの皮などにも多く含まれている。クマリンがおよぼす人体への毒性は、通常量では問題ないが、過剰摂取すると肝毒性や腎毒性が懸念されるため、食品添加物とは認められていない。だが、血流の改善やむくみの改善、抗菌効果などがあるとされている。

40 静かな植物が隠し持つ武器の数々とは？

美しい形や芳香を発する植物は活発に動けないのに、なぜ生き延びられるのだろうか。そこには驚嘆させられる植物の生き抜く仕組みがあった。

すべての生物にはエネルギーが必要で、動物は食べ物を求めて動き回っている。だが、動かない植物は根から吸った水と二酸化炭素を材料に太陽の光で光合成させ、葉でブドウ糖やデンプンを作り、エネルギーにしている。

太陽光は植物が光合成するために必要だが、人が有害とする紫外線は植物にも有害である。紫外線の働きで発生する「活性酸素」は人には老化を促進させ、植物には枯らしてしまうこともある。そこで植物はこの活性酸素の害を消すために、抗酸化物質のビタミンCやビタミンEをつくり出しているのである。

さらに、植物の成長力もすごい。例えば、キャベツの種の重さは約5ミリグラムしかないが、発芽して成長すると1200グラムほどにもなる。つまり、約4カ月で24万倍にもなる驚異的な成長をするのだ。

また、動物や虫に食べられないように自衛もしている。トゲを持ったり、悪臭を発したり、食べにくいように実の殻を硬くしたり、他には実や葉を渋い、苦い、辛いなどにして食べてもおいしくないようにしている。なかには毒を持つものもいる。病気から身を守る術も持っている。タンポポを折ると白い液が出てくるのは、傷口から病原体が入るのを防いでいるからだ。ゴムの木やオクラ、ヤマノイモの粘りのある液も同じである。

仲間同士で障害にならないような仕組みもある。同じ地域で繁栄しているにもかかわらず近くに繁殖させると、栄養を奪ってしまうことになりかねない。そこで鳥に種を食べさせてより離れたところで種のまま排泄させたりしている。

植物は自ら活発に動けないが、動ける動物よりも知恵を働かせているのかもしれない。

41 秋になると葉の色が変わるのはなぜ？

シャンソンの名曲『枯葉』でも歌われているように、秋の枯葉は人の心にさまざまな思いをもたらすが、どうして秋になると葉の色が変わるのだろうか。

葉の色は赤色に変わるのを「紅葉」、黄色に変わるのを「黄葉（おうよう）」、褐色に変わるのを「褐葉（かつよう）」というが、すべてを紅葉ということが多い。

そもそも木の葉が緑色に見えるのは、葉の中に葉緑素の「クロロフィル」が含まれているからだ。秋になって日照時間が短くなると、クロロフィルが分解され、冬の間に水分やエネルギーを無駄に消費しないために老化反応が起こる。木は光合成をやめて落葉の準備を始め、緑色の色素も不要になるため分解される。

紅葉、黄葉、褐葉になる違いは、植物によって色素を作り出す機能の違いと、気温や紫外線、水温などによって酵素作用の違いが、複雑にからみあっている。

紅葉する木を「もみじ」といっているが、「もみじ」という植物はなく、本来は葉が赤色に変色する現象をいう。一般的にはカエデを「もみじ」といっている。

42 動物は笑わない？

ルイス・キャロルの『不思議の国のアリス』に登場するチェシャ猫は、いつもニヤニヤ笑いを浮かべている。当時「チェシャ猫のように笑う」という慣用表現がよく使われていて、それをもとにキャロルが作り出したキャラクターだというが、本物のネコが笑うことはあるのだろうか。

イヌやネコは、声を立てて笑うことはない。微笑みの表情を浮かべることもない。それでも、イヌやネコが機嫌よく楽しそうにしていることはわかる。イヌは、嬉しいときは尻尾をふるし、ネコは、満足しているとき、ゴロゴロとのどを鳴らす。

では、実際に動物が笑うということはあるのだろうか。手話で会話ができるニシローランドゴリラのココは「私、不器用で笑っちゃいます」と手話で言いながら笑ったという。他には、ラットをくすぐると人間の耳では聞こえない音でさえずる。

人間以外の動物は、感情を人間のようにはっきりと顔に出すことはない。しかし、感情の起伏はあり、その気持ちを「笑う」とは別の表現をしているのだ。

43 地球上に未確認の生物はどのくらいいる？

学術誌「PLoS Biology」に掲載された研究によれば、地球に存在する植物や動物のうち、約9割の種がまだ発見・分類されていないことが明らかになった。

この研究では、地球上に存在する生物の「種」の数は870万に近いと推計しているが、これまでに正式に分類された種は120万ほどにすぎないという。

予測では、動物が777万種、植物が29万8000種あるが、これまでに発見・分類されたのは、動物が95万3434種、植物が21万5644種にとどまっている。

約61万1000種あるカビやキノコなどの菌類で、わかっているのは4万3271種で、アメーバなどの原生動物では約3万6400種、クロミスタでは2万7500種だ。

研究を主導したカミロ・モラ氏は「多くの種が絶滅を迎えるスピードが速まっているので、地球上の生物の種の発見と分類は科学的にも社会的にも優先しなければならない」と述べている。

44 動物も夢を見る？

睡眠は、深い眠りの「ノンレム睡眠」と、浅い眠りの「レム睡眠」が繰り返されていて、これは鳥類と哺乳類にもあるという。ノンレム睡眠では、脳波はゆっくりとした波になり、呼吸はおだやかで規則正しく、脈拍は遅くなり、血圧と体温も低下する。大脳の活動も低下するので大きな音がしても爆睡していることがある。

レム睡眠では、体は眠っているのに脳は活動しており、ピクピクとけいれんしているように眼球や手足が動いている。このレム睡眠のときに夢を見ているのだ。

イヌやネコも二種類の睡眠状態を持っていることで夢を見ているといえる。イヌを飼っている人なら、イヌが夢を見ていると思い当たるふしがあるだろう。イヌやネコの夢に出てくるのは、仲間たちなのか飼い主なのか、またどんなことをしているのか、決して分からない。人に限らずサルなどの霊長類は脳の半分以上を視覚情報に使っているので、夢は視覚を主体とした夢だとされる。そうすると、嗅覚が発達したイヌなどは、臭いがともなう夢を見ているのかもしれない。

45 北にいくほど生物の体が大きいのはなぜ?

1847年、ドイツの生物学者のベルクマンが「同一種や近縁の哺乳類では、寒い地域に住むものほど体が大きい」と発表した。例えば、クマならマレー半島のマレーグマは大きくないが、日本の本州に生息するツキノワグマ、北海道のヒグマと、北に行くほど大きくなっていき、北極圏のホッキョクグマはさらに大きい。

これは、体の大きさ(体積)と表面積が大きく関わっている。体積が大きいと表面積も大きくなるかと思えばそうではなかった。例えば、一辺が1メートルの立方体の体積は1立方メートルで、この立方体の表面積は6平方メートルだ。これを一辺を2倍の2メートルの立方体にすると、体積は8立方メートルで表面積は24平方メートルとなり、体積は8倍になるが、表面積は4倍にしかなっていない。

哺乳類は体から熱を発しているが、体の表面積が大きいほど発する熱は大きい。寒い地域に住む哺乳類は、体は大きいが、表面積はそれほど大きくないことで、体からの発熱を少なくしているのだ。

3章

意外と知らない「身体と心の謎」

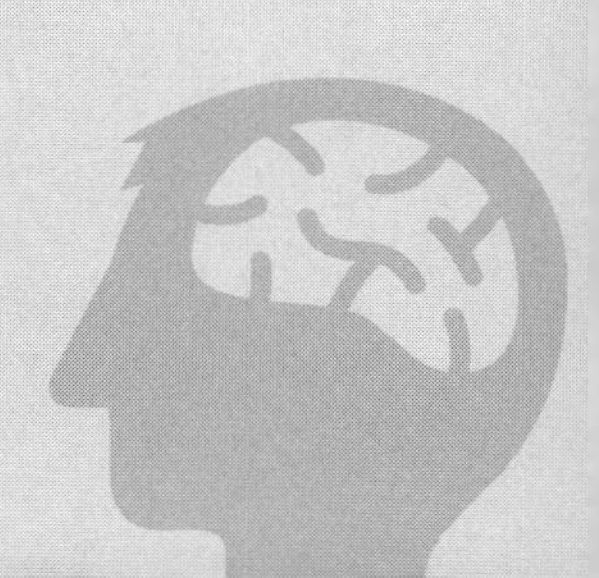

46 「しゃっくりが止まらない」ときの体の中はどうなっている?

ギネスブックで「最も長くしゃっくりし続けた人物」と認定された人がいる。アメリカのチャールズ・オズボーンは、1922年から1990年にかけて約68年間ひっきりなしに「しゃっくり」し続けた。その回数は4億3000万回以上に達したと推定されている。オズボーンのしゃっくりは1990年6月5日に治まったが、しゃっくりが止まってから約1年後の1991年5月1日、潰瘍から合併症を起こして97歳で亡くなった。

このしゃっくり、なぜ起きるのだろうか。また、その止め方はあるのだろうか。

しゃっくりは横隔膜がけいれんすることで起こる。横隔膜は胸と腹の間にあり、呼吸をするときに伸び縮みして肺をふくらませたり縮ませたりする役割を果たしている。だが、この横隔膜がけいれんを起こして突然収縮し、肺に急激に空気を吸い込むためにしゃっくりが起こる。このとき、声帯の筋肉も同時に収縮するので、息が通る管が狭くなり、「ヒック」という音が出るのだ。

どうして横隔膜がけいれんを起こすのかは、はっきりと解明されてはいないが、「横隔神経」や「迷走神経」が深く関わっているとされる。

48時間以内に治まる一般的なしゃっくりは、多くが横隔膜性のしゃっくりだが、ほかにも迷走神経が延髄の呼吸中枢を刺激することが原因で起こる「中枢性のしゃっくり」や、迷走神経や横隔神経が直接何らかの刺激を受けることで起こる「末梢性のしゃっくり」もある。

中枢性のしゃっくりには、48時間以上しゃっくりが止まらない「持続性」や、1カ月を超えても続く「難治性」があり、脳梗塞や脳腫瘍といった中枢神経系の病気の後遺症として症状が出ることもある。

末梢性のしゃっくりは呼吸器系や頸椎(けいつい)などの疾患や、胃腸炎や腸閉塞など消化管に関連した病気によって、迷走神経および横隔神経が刺激されることで起こる。

しゃっくりを引き起こす原因としては、以下の3つがある。

①熱いものや辛いもの、炭酸飲料やアルコールを飲んだり、よく噛まずに食べた。

②風呂上がりや、暖かい部屋から寒い外に出て、吸い込む空気に寒暖差が生じた。
③笑いすぎたり、精神的にショックを受けたりストレスを感じたりした。

それでは、しゃっくりを止めるにはどうすればいいか。横隔膜のけいれんが起こる原因がわかっていないため、誰にでも必ず効果がある方法というのは見つかっていない。代表的なものをいくつか挙げてみよう。

①びっくりさせる。最もポピュラーな方法だが、効果はそれほどでもない。
②水を飲む。これにはいくつかのパターンがある。冷たい水を息を止めて飲む、左右を向いて飲む、下を向いて飲む、割り箸をコップに十字状に置いて4つのフチから飲む、コップやどんぶりの手前ではなく向こう側から飲む等々、数多くの方法が伝えられている。冷たい水を飲むことで口の中の粘膜に張り巡らされている迷走神経が麻痺したり、変わった方向を向いて水を飲み込むことで横隔膜の位置をリセットできることもあるため効果が期待できる。
③息を止める。息を1分間止めることで横隔膜のけいれんをストップさようとい

うもの。深呼吸を組み合わせると、より効果的にしゃっくりを止めることができる。これは、まずゆっくりと息をギリギリまで吐き出し、次に肺をいっぱいに満たすようにゆっくり息を吸い込む。めいっぱい息を吸い込んだら、そこで息を止める。これをしゃっくりが止まるまで繰り返す。

④耳の穴に指を入れる。両耳の穴に指を入れて1分前後、強く耳の奥を押さえ続けることで、耳の奥の迷走神経に刺激を与え、間接的に横隔膜のけいれんを止めるというもの。いつでも、どこでもできて効果もあるとされている。

⑤舌を引っ張る。舌をつかんで30秒間ほど強く引っ張るという方法で、実際に病院で患者に対して行われることもある。舌咽神経を刺激して横隔膜の動きを正常な状態に戻すことができるので、痛みを伴うが効果はある。

チャールズ・オズボーンにはどの方法も効かなかったのだろうか。

47 水に浸かると、なぜ手足の指だけがふやける?

長く入浴していると、指にシワができる。世界一お風呂好きと言われる日本人なのにその理由を知っている人は少ない。

私たちの皮膚は、一番外側の層は「角質層」で何層も重なってできている。これらをまとめて「表皮」と呼ぶ。表皮は、厚さが平均約0・2ミリの薄い膜で、皮膚の一番外側にあり、外部からの異物の侵入や体の水分の蒸散を防ぐバリアとなっている。この表皮には、「ケラチン」というタンパク質が含まれており、このケラチンが死んで硬くなって角質層になる。角質層は、死んだ細胞が何層も重なっているだけで、そこには血管も神経も通っていない。この死んだケラチン細胞はスポンジのように水を吸ってふくらむが、生きたケラチンは水をほとんど吸わない。

この内側の部分では、角質は縫い付けられたようになっているのでふくらまないが、結合していない部分の角質はふくらむので、ふくらみ方にばらつきが出る。膨張した角質層は行き場を失い、角質層がぶつかり合うため、シワができるのだ。

風呂に入ってできるシワは、同じ皮膚でも指にだけできて、腹や腕にはあまりできない。それは指の皮膚が伸びて広がろうとすると、硬い爪のところで止められて、広がることができないのでシワができるからだ。

また、手の平や足の裏は、他の体の部分に比べて角質層が厚くできており、その分、たくさんの水分を吸収するのでシワができにくいし、腹や背中の皮膚も、指先と同じようにふやけてのびているが、他に逃げる場所があるのでシワにはならない。指の神経が切れている人の指にはシワができない。そこでシワができるのは神経に関係があるのではないかという説もある。

２０１３年１月、英国の研究グループが、指にシワができるのは、ぬれた物をつかみやすくするためだという説を発表した。

シワができた人とそうでない人に、ぬれたガラス玉を容器から別の容器に移し替える実験をしたところ、シワのある人のほうが速くつかめたというのだ。シワがタイヤの溝のように水を逃がすので、ぬれた場所でも物をつかみやすいというわけだ。

シワができるのは、人間が水際で食料採取などの行動がしやすいように進化したという説だが、これに対しては批判もあり、まだ評価は定まってはいない。

48 潜在意識に働きかける「サブリミナル効果」の真偽とは？

1957年、アメリカのある映画館で広告マンのジェイムズ・ヴィカリーがある実験をした。

ヴィカリーは16週間にわたって、放映するフィルムに「コーラを飲め」「ポップコーンを食べろ」と1コマだけの文字メッセージを繰り返し差し挟んだところ、この映画館ではコーラとポップコーンの売り上げが急増したという。

これは、潜在意識に働きかけるという意味の「サブリミナル効果」とされ、認知できないスピードで映像を見せたり、聞こえないような音量で音を聞かせたりすることで、特定のものを強く潜在意識に印象づける作用があるとする。

事実とすれば広告主には魅惑的な手法である。だが、消費者にとっては脅威となる。マスコミでセンセーショナルに取り上げられ、サブリミナル効果を使用禁止にした国もあり、日本ではCMへの使用は自主規制している。

だが、アメリカやカナダのテレビ局がヴィカリーと同様の実験を行ったところ、効果があったという結果はなく、映画館の館主もそのような実験はなかったと認め、１９６２年にはヴィカリーもウソであることを認めた。

ところが、アメリカの心理学の権威であるウィルソン・ブライアン・キイがサブリミナル効果はあるとし、巷にはサブリミナル・メッセージが隠されているなどと主張した。

キイのように権威がある者が存在を認めたものを、世間に誤りであると認めさせるのは非常に難しい。

いまでも、サブリミナル効果の応用とする睡眠学習法や、深層心理に働きかけて成功に導くとするＣＤやＤＶＤの販売も後を絶たない。

ＮＨＫの大河ドラマ「天地人」で信長の最期のシーンで「天」「地」「人」をそれぞれイメージするカットが挿入され、サブリミナル効果の手法ではないかとされたことがある。

ＮＨＫでは、信長の心理の表現で、知覚できる演出効果とコメントしている。

49 鉄も溶かす胃液に、なぜ胃は消化されない？

胃に食べ物が入ってくると胃液が分泌されて消化される。胃液は胃壁から分泌される消化液で消化酵素と塩酸を含んだ強酸性である。ビーカーに入れた胃液に鉄を入れると、激しく泡を立てながら溶け、動物の胃の一部を入れると数時間で消化されてしまう。ペプシンがタンパク質を分解するが、私たちの胃も主にタンパク質でできており、胃液に触れると胃は消化されてしまうはずだ。ところが胃は溶けるどころか、どんな食物が入ってきても食物だけを消化してくれるのはなぜだろうか。

胃は胃粘膜で覆われており、食物が胃に入ってくると胃液に溶けない厚さが1ミリにも満たない粘液を分泌して塩酸から胃壁を守っている。さらに胃粘膜は二重構造になっていて、粘膜の表層細胞の下に細胞増殖帯があり、絶えず新しい細胞が作られている。こうして薄い粘液層のおかげで、胃自身は消化されることなく、食物のみを消化することができる。

納得することを「胃の腑に落ちる」というが、まさに胃の腑に落ちた話である。

冷たいものを食べて頭が「キーン」となるのは脳の勘違い？

アイスクリームやかき氷などを食べたときに、「キーン」として頭が痛くなった経験に覚えがある人は多いだろう。

冷たいものを食べたときに痛みが走ることを医学的な正式名称で「アイスクリーム頭痛」という。この原因の一つには、冷たいものがノドを通過することで、ノドにある三叉神経が刺激されて冷たさと痛さを混同してしまうのだ。その結果、痛みとして脳に伝達されてしまうので、頭痛が起きる。もう一つは、冷たいものを食べると、ノドや口の中が急に冷えるため、身体が一時的に血流量を増やして温めようとする。そのときに頭に繋がる血管が膨張することで頭痛が起きる。

この「アイスクリーム頭痛」を予防するには、「ゆっくりと時間をかけて食べる」ということしかない。しばらく経てば治まるのだが、より早く痛みをなくしたいときは舌を口の中の上の部分に押し当て、血管が早く温まるようにすればいい。また、おでこやこめかみを冷やすという対処法もあるようだ。

51 フィギュアスケートでスピンしても目を回さないのはなぜ？

ハンマー投げや円盤投げの選手は、円形のスペース内をグルグル回ってハンマーや円盤を遠くに投げる。どちらも体を回転させて行う競技なのに、円盤投げは目が回り、ハンマー投げは目が回らないという。フランスとオランダの研究チームはこの理由を研究して、２０１１年度のイグノーベル賞を受賞した。

例えば、大きな円形の台を左回りに回し、その上でボウリングの球を中心に向かって転がすと球は必ず右方向にずれてしまう。この力を「コリオリの力」という。頭を激しく揺さぶると三半規管にコリオリの力が働きやすく、脳に異常な情報が伝わって目が回りやすくなる。

ハンマー投げでは頭が描く円が小さく、円盤投げに比べて頭が大きく揺さぶられることがないため、コリオリの力が働きにくいので、円盤投げよりも目が回りにくいのだ。

そもそも、どうしてグルグル回ると、周囲の景色がグルグルと回って見えるのか。

人は目で周囲を見ると、見たものが脳に伝達されて脳が見たと感じる。ところが、頭がグルグル回ると目に映る景色も動いていく。そうなると目は景色の変化についていくことができずに頭の中が混乱し、やがて眼球がけいれんを起こしてしまう。このように眼球がこまかく振動することを「眼振」といい、目が回るのは眼振が起こっているからだ。

眼振が起こると、目はコントロールできなくなり、勝手に細かく動いてどこを見ているかわからなくなってしまうため、体が回転を止めても、目から脳へ伝達される景色は動き続けているのだ。

目を回した人の瞳を覗くと、眼球が左右上下に忙しく動いているという。

フィギュアスケートでジャンプのときにスピンをしたり、バレエのダンサーが舞台で何度もスピンを繰り返しても目が回らないという。それはなぜだろうか。

バレリーナは目が回らないようにする「スポッティング」という技術を身につけている。

（1）回転するときに、遠くの一点を選び、それを見つめる。
（2）体を回転させながらも、ぎりぎりまで、その点を見つめ続ける。
（3）頭を回すときには一気に回して、再びその点を見つめる。

この動作を繰り返しているという。

しかし、フィギュアスケートのジャンプは高速回転なので、顔を正面に残すことはできない。これは訓練と慣れで克服するしかないようだ。トリノ五輪金メダリストの荒川静香氏も、「ジャンプのあとは目が回ることがある」と著書に書いている。

あるテレビ番組で、通常は左回りで回転しているフィギュアスケート選手が、回転マシンで右回りにしたところ、1分もたたないうちに目を回してしまった。逆回転の訓練をしていなかったため、小脳からの抑制が効かないからだという。

ただ一般の人では遊園地でコーヒーカップに乗ったときくらいしか身体を回転させないので訓練も必要ない。

「寒くなるとトイレの回数が増える」理由とは？

寒い日はできるだけ暖かい部屋から出たくないのに、トイレに行く回数が増えてしまう。そもそも尿はどのようにして作られているのだろうか。

尿が作られる過程を3行程で説明する。

①血液が腎臓に入ると、まず糸玉状の毛細血管の塊である糸球体でろ過されて、「原尿」となって尿細管に入る。この原尿の量は1日に150リットルにもなる。
②尿細管では原尿から99％の水分とともに体に必要なものを再吸収して、1％だけが尿として尿管から膀胱に送られる。
③膀胱は約500ミリリットルの容量があるが、150ミリリットル～300ミリリットルの尿がたまると、尿意を感じて排泄される。

さて、トイレに行く回数が増える最大の原因は「寒さ」そのものにある。寒くなると、体温低下を防ぐため、あまり汗をかかなくなる。

暑い夏に限らず、人の身体からは少量ではあっても、常に汗が出ている。汗を出すことによって身体の中の水分を調節しているので、夏などはトイレに行く回数を少なくして、身体の中の水分を保っている。

ところが、冬になって寒くなると、汗の出方が自然に少なくなる。すると汗として捨てていた水の量が少なくなり、不要な水分はすべて尿となって出ることになる。そのためトイレが近くなるのだ。

また、寒くなると膀胱の筋肉が縮みやすくなる。膀胱の筋肉が縮むと脳に排尿を促す合図が送られる。

これも寒くなるとトイレへ行く回数が増える理由の一つだ。

お腹が空くと鳴る「腹の虫」の正体とは？

シリアスな会議のさなかにお腹が鳴って恥ずかしい思いをしたことはないだろうか。そのとき、切に「お腹から音が出る必要あるのか？」と思うことだろう。

この困った「腹の虫」は、多くの医学者が胃や腸が収縮するときに音が出ると説明している。

口に入れた食べ物は、食道を通って胃、十二指腸に入り、そこで消化されて小腸で吸収される。胃から食べ物が出て行くまでに普通は3～4時間かかる。

胃の中がほぼ空になると、胃の収縮運動が周期的に始まり、小腸にその動きが伝わっていく。その際、消化しきれなかった食べ物のかすや水分、空気がかき混ぜられて、空気が振動して「グー」という音になる。

空腹時の胃の収縮運動は、90～120分間隔で繰り返し起こるが、この運動を調

節しているのが、十二指腸から分泌される「モチリン」というホルモンだ
モチリンのモチは「運動」、リンは「刺激する」という意味で、このモチリンが空腹時に分泌されると、胃は身をよじるようにして空腹期収縮を起こす。
こうなると、お腹が鳴り、空腹感を覚えるが、しばらくすると血中のモチリンが減って空腹感が消える。ところが90~120分ほどすると、またモチリンの分泌量が増えて、お腹の音と空腹感がやってくる。

つまり、モチリンが分泌されると収縮運動が始まり、胃腸の中に残っているものを絞り出すように排出させようとするので、音が鳴っているときは胃腸をきれいにするための掃除が行われている、というわけだ。
胃腸の運動は、自分で意識的にコントロールできず、音を止めることはできない。しかし、これは健康の証しなので、気にしすぎないほうがいい。

54 「感覚」と「直感」を科学的にみると？

「感覚」や「直感」を科学的に証明しようとする試みは数多くなされているが、科学誌「Psychology Today」には「感覚や直感を信じていい理由は、科学的にある」という研究結果を紹介している。

それによると人は写真を見たときに、そこに写っている人の笑顔が本物かどうかをある程度判断することができる。それはこれまでの経験で「カメラ用の笑顔」や「作り笑い」の存在を知っているからだという。

また、人間の聴覚には音が届いた時間や、左右の耳が感じている音量の差など、さまざまな情報を捉える機能があり、目を閉じていても足音が遠ざかると誰かが通り過ぎたことがわかり、どこで音が鳴るのか、どんなことが起きているのかを察知することができるという。

これは「暗黙の学習」とも呼ばれ、何かをきっかけに偶然呼び起こされるものでもある。そのため、第六感どころか体験の数ほど、感覚は存在しているという。「第六感」や「直感」の正体は、脳が持つ膨大な量のデータによる判断力のことだといえる。

また、英国の研究者の研究結果によると、右に行くか、左にするかの判断が必要なとき、本能に従って直感で判断した方がよい結果をもたらすという。

実験では、10名に1枚の絵の中にあるデザインの図形と、それとは異なるさまざまな図形が描かれた絵を見せ、目的とは異なる図形を選んでもらった。その図形を選択する際、見直す時間がない場合の正解率は95％だったのに対し、1・5秒程度の見直しが許される環境下では、正解率は70％に低下したという。

どんな場合も直感が正しいとは限らないが、瞬時に判断するときには、直感が正しい場合が多いということが科学的に証明されたといえる。

人間は理性的な判断ができない状況下でも、十分に対応できるような機敏な頭脳を持っているということだろう。ここぞというときには直感に任せて行動するほうがいいのかもしれない。

55 「一目惚れ」に従ったほうがいい理由とは？

ある人を見た瞬間、体中に電気が走ったようになり、その人のことを忘れられなくなる……。いわゆる「一目惚れ」は、科学的に説明できる現象なのだろうか。

生物学的にみると、ある人の持つ遺伝的性質が外見に現れたものから、その人が子作りのパートナーとして優れているかどうかを判断する。子孫繁栄という動物としての人間の本能からなのだ。

われわれの遺伝子は男性は自分の遺伝子をより多く残すという生物学的使命があり、自分のコピーを多く残してくれそうな相手を「魅力的」と感じるようにインプットされている。

それに対して女性は男性に比べて五感が発達しており、フェロモンを感じ取る嗅覚も優れているという。女性にはより強い遺伝子を残す使命があり、会った瞬間に「この人は私の遺伝子に必要」と嗅ぎわける。男性のフェロモンで自分にはない「生命力の強さ」を瞬時に選別するというのだ。

女性はどういう顔立ちの男性が好きになるのかでは、一世代前の研究では、女性は狩猟採集時代の遺伝子から本能としてたくましい男性を好み、妊娠しやすい時期には「男性顔の男性」を選ぶという結果が出ていた。

だが、近年では、女性は「女性顔の男性」の志向があり、これには男性に対して子育ての期待が反映されているという。

また、父や母に似た人を選んでしまうというのは遺伝子に操作されているからなのかもしれない。

ちなみに、「恋をしたら周りが見えない」状態も科学的にわかっており、下垂体後葉から分泌されるホルモンのオキシトシンによるものだったのだ。

56 「身の毛がよだつ」「鳥肌が立つ」はなぜ起きる？

季節の変わり目の服装に迷うことがある。日中は暖かいのに日が暮れると肌寒くなり、薄着で出てきたことを後悔する。

そうした寒いときや恐怖を感じたときには、まるで羽を抜き取られたブロイラーの皮膚のように腕の皮膚がブツブツになっている。これは鳥肌と呼ばれているが、寒いときや恐怖を感じたときに、どうしてこのようになるのだろうか。

人の肌には体毛が生えていて、その一本ずつに交感神経が支配する立毛筋という筋肉がある。寒さを感じると交感神経が働いて立毛筋を収縮させ、毛穴を閉じて身体の熱を逃がさないようにしているためで、毛根は皮膚に対して垂直に立ち、毛穴の周囲が盛り上がるのだ。外部の刺激から身を守る反応である。

恐怖という感情刺激でも立毛筋が収縮して「身の毛がよだつ」という状況になる。

この現象はネコや鳥などの小動物にも見られ、恐怖心の反動から毛や羽を逆立て、身体を大きく見せて敵を威嚇する。

スポーツやコンサートで感動が頂点に達したときには、「総毛立つ」と表現するように、全身が鳥肌状態になる。だが、これは感動からくるもので、寒さや恐怖心とは感情表現が違っており、鳥肌とは違うのではないかという議論もあるようだ。

だが、顔には鳥肌が立たない。

顔はもともと血行がよく、寒さに強い部位なので体毛が退化しており、立毛筋も退化しているという。だが実際には鳥肌が立っているのだが、目立たない状態だという。

英語で鳥肌は「goose bumps」とか「goose pimples」と表現するようだ。gooseはガチョウ、bumpはコブなどの隆起の意味で、pimpleはニキビなどの吹き出物だ。日本人の感覚とほぼ同じだ。

57 「武者震い」するのはなぜ？

大きな感動をしたときに身震いすることがあるが、どうしてだろうか。

風邪を引いたときに震えるのは寒さからくるもので、筋肉を動かして体熱を得ようとする生理反応とされる。これは恐怖や悲しみと同じネガティブな感情だが、逆にストレス状況から脱した瞬間に、幸福や安堵、満足といった快方向の気分に転換し、ポジティブな感情になって、身体が震えてしまうこともある。感動に包まれて身体がホカホカして震え、涙が込み上げてくることもある。

また、戦いに臨むという強いストレス環境下でも身震いが起こり、これは「武者震い」と呼ばれている。生存をかけて敵に立ち向かうとき、臆しているわけではないのに気持ちが高ぶって武者震いで身体が震えてしまうのだ。

副腎髄質からアドレナリンが分泌されて気力がみなぎり、緊張状況に立ち向かっていく自分を鼓舞し、心身のテンションを最大限に上げようとしているとされる。そのために体温が平熱よりも2℃ほど上昇するという。

58 「暑いから」以外で汗をかく理由がある？

暑くなると汗をかきやすくなる。汗をつくる汗腺は皮膚にある。汗腺には「エクリン汗腺」と「アポクリン汗腺」の二つがあり、それぞれは汗の性質や汗が出るしくみが違っている。

エクリン汗腺の根元は糸くずを丸めたような形をしていて、そこから汗を出す排泄管がまっすぐに上がって、皮膚の表面に独立して開いていた汗孔（かんこう）から汗を出している。

エクリン汗腺の総数は約３００万個もあり、ほぼ全身の皮膚に分布しているが、手掌や足底に多く分布している。

一方、アポクリン汗腺は、腋の下などの身体の限られた部分に多く分布し、毛根に開口部がある。アポクリン汗腺から出る汗は脂質やタンパク質など臭いのもとになる成分を多く含んで白く濁っている。もともとはフェロモンの役割をはたしていたともされている。

　エクリン汗腺の汗は身体を動かすなどして体温が上昇すると脳の発汗中枢が指令を出し、汗を出して汗が蒸発する時の気化熱によって体内の熱を逃がし、体温を下げて体温調節しているのである。

　夏の炎天下で10分間歩くと、約100ミリリットルの汗をかくようで、もしまったく汗をかかなかったら20分間で体温が2℃も上昇してしまうという。

　また、辛いものを食べたときにも鼻の先端や額などから発汗するが、この反射経路はまだくわしく解明されていないようだ。

　ネコやネズミなどは、驚いたりすると足の裏が湿って逃げるときに滑らないような反応があるとされる。人間も手の平や足の裏にあるエクリン汗腺は、いつも少しずつ発汗している。これはものを掴んだり危険なことから逃げるときに滑り止めの役割を果たしていると考えられ、人間も動物である名残である。

　精神的な緊張による「冷や汗」もこれで、なにかをドキドキしながら見ているときや、緊張したり興奮したりする場面では、手に汗握っている。この状況は、季節に関係なく起こる。

59 なぜ、人間に不要な「親知らず」が生えてくる?

奥歯のあたりがなんだか痛いような違和感があり、歯医者に行くと親知らずが生えてきたと告げられ、抜歯をすすめられた経験を持つ人は多いだろう。

人の歯は生後4～6カ月頃から下の前歯が生えはじめ、3歳頃にはすべてが生えそろって20本になる。

小学校の入学頃から歯が生え替わり、遅くても中学校を卒業する頃までには永久歯になり、すべてがそろうと32本になる。

しかし、奥の上下左右の4本の歯は、親の手を離れた成人後に生えてくることもあり「親知らず」と呼ばれている第三大臼歯である。

この親知らずは人間が硬い木の実や生肉を食べ、よく噛む必要があった時代には役だっていた歯である。縄文時代の80%の人にあったが、古墳時代になると60%に減少したとされる。

現代の食生活では、硬いものを食べることが極端に少なくなり、これに伴ってアゴが十分に発達しなくなり、親知らずが生えるスペースが不十分になってキチンと生えてこない人が増えている。

歴史的に見ても、ひょっとして親知らずの生えてこない人は生える人よりも進化が進んでいるのかもしれない。

だが、こうして遅れて生えてくる親知らずは、中途半端に生えて歯肉が残ったままになっていたり、スペースのない場所に無理に生えてきて手前の歯を圧迫して歯並びが悪くなることもある。

さらに、最も奥にあるので歯垢がたまって虫歯になることもあり、神経に近い位置にあって治療がしにくい。そのため、医師から抜歯をすすめられることになるのだ。それも、場合によっては入院して全身麻酔することもあるという。

60 日本人は体の成長が早い？

日本は身長が低いとよくいわれるが、実は体の成長は早かった。

そもそも人間の身体が成長するには、人体の骨の中で、とくに足の骨が成長に大きくかかわっている。身長が伸びるのは、骨端である関節部分の軟骨の中にある「骨芽細胞」が、骨を少しずつ大きくしていくからである。この軟骨は骨端線となっており、成長期の子どもの関節のレントゲンで確認ができる。同時に「破骨細胞」も骨芽細胞が効果的に働き、作りすぎた骨を処分して形を整えている。

やがて思春期になると、性ホルモンが分泌されるようになる。性ホルモンは骨芽細胞を活性化させるため、思春期には急に身長が伸びる。

その一方で、性ホルモンは破骨細胞も活性化させ、骨端線の軟骨を収縮させるのである。軟骨が収縮すると骨芽細胞と破骨細胞も減っていき、最終的に骨端線が消えてしまうと、骨の成長も止まってしまうのだ。

同じ環境で育った兄弟でも、身長に差があることがある。遺伝もあるが、成長ホルモンの分泌量や分泌のタイミング、運動量と食事の質と量にもあるとされている。

早熟な人は、性ホルモンの分泌のタイミングが早いため、骨端線の軟骨の収縮も早く、他の人よりも身長が伸びるのが早く止まってしまう。

欧米人は日本人と比べて身長が高いが、中学生くらいまでは、日本人と欧米人の身長はあまり変わらない。

遺伝やタンパク質、脂肪の摂取量にも関係あるようだが、意外なことに日本人の子どもは、先進国の中では早く大人になっているのである。

日本人の女の子の平均初潮年齢は12、13歳で、小学5、6年生である。アメリカは11歳とされ、中国は17歳だ。

日本人の男の子の平均精通年齢は12歳10カ月だが、アメリカ人の男の子は14歳である。大人の身体になった日本人の子は、15歳頃から身長がほとんど伸びないが、アメリカ人は15歳後も成長を続けているのである。

思春期が早く訪れることは親離れも早く、反抗期も早く迎えるため、親が反抗期に対する準備期間も短く、育てにくい一面があるとされている。

61 なぜ心臓だけガンができない？

２０１７年の日本人の平均寿命は、女性が87・26歳で世界第2位、男性は81・09歳で第3位のため、日本人は健康だと思いがちだが果たしてそうだろうか。日本は先進国の中でガンが原因で亡くなる人が増え続ける唯一の国で「ガン大国」なのである。欧米では、毎年５％ずつガンによる死亡数が減っているが、日本では2人に1人がガンになり、３人に１人がガンで死んでいるのである。

ガンは人体のどこにでも発生する可能性があるが、心臓にはできないのはなぜだろうか。

通常の細胞は、ＤＮＡからの指示によって増殖をやめるタイミングがあるが、ガン細胞はその指示に関係なく勝手に増え続けて異常増殖をする。

だが、心臓を作っている横紋筋(おうもんきん)という筋肉は胎児の間に分裂を終えている。細胞が分裂しなければガンは増えないのである。

もし心臓ガンがあるとしたら、子宮内にいる胎児の段階で発生するか、他から転移をしてくるかだが、この世に生を受けると心臓の細胞は分裂しなくなるため、子宮内で発達しかけたガン細胞も成長が止まるのである。

心臓に腫瘍が見つかることもあるが、ほとんどが良性である。ごくまれに悪性腫瘍ができることもあるが、悪性腫瘍は上皮細胞にできたものをガンといい、それ以外を肉腫という。心臓には上皮細胞がないため、たとえ肉腫ができたとしてもそれは心臓ガンとは呼ばれない。

ガン細胞は35℃の環境で最も繁殖しやすいとされる。だが、ガン細胞は高熱には弱く、40℃で死滅するという。心臓は体内で最も体温が高いところで、40℃以上ある心臓の熱にガン細胞は勝てないのである。

62 走ったときに横腹が痛くなるのは?

昼の休み時間や退社後の夕方になると、皇居周辺を走っている人を多く見かける。また、テレビでは日曜日の昼間にはマラソンや駅伝番組が流れ、日本人は走ることが好きなのだと実感する。

そういえば子どもの頃に走ると、よく横腹が痛くなったことを思い出すが、あの痛みはどうして起こっていたのだろうか。

その原因は多彩だ。右腹が痛くなるのは、右の脇腹には肝臓や胆嚢があり、走ることによってこれらの重い臓器が揺れ、肝臓と横隔膜を結ぶ靭帯が引っ張られて痛みが生じるという。また、走ることで多くの酸素を取り込もうとして呼吸器が活発になり、横隔膜が激しく動くことも原因であるという。

左腹が痛くなるのは左腹にある血液をためておく臓器の脾臓が激しい運動によって血液を急激に筋肉に送ろうとして過剰に働くために起こるという。さらに走ることで大腸が揺さぶられ、大腸に溜まっていたガスが左脇腹にあって大腸が鋭い角度で折れ曲がる脾彎（ひわん）曲部に集まる。そのガスが神経を刺激するために、左腹の腸がねじれるような痛みになるともされる。

さらに腹腔内の胃や腸が上下左右に揺らされ、周りを包む腹膜に擦れて刺激し、痛みになっているともいう。

すべてが横腹が痛くなる原因と思われるが、それらの原因は走ることで内臓が揺れることにあるようだ。この痛みを取るには、深呼吸をして腹に酸素を送り、腹の筋肉のけいれんを解消するというものが共通している。

走ることで痛みが起こらないようにするためには、食後すぐには走らないとか、背筋を伸ばして上下にぶれない正しい走法を身につけるなどがある。

63 氷にさわるとどうして指がくっつく？

冷凍庫で作った氷を取り出して手でつかむと、氷が手にくっついてしまうことがよくある。どうしてこのようなことが起こるのか。

冷凍庫から取り出したばかりの氷の温度はとても低く、マイナス10℃くらいでカチンカチンに凍っている。0℃よりも低いので手で触ると体温によって氷の表面が溶けるが、氷の温度が低いのでまたすぐに凍る。

そのとき、氷が接着剤の働きをして氷の表面の水が手に凍りつき、氷と手がくっついてしまうのだ。

もう少し詳しく順番に見ていくと、次のようになる。

①手で氷を触ると、指先の表面についた細かい氷が溶けて表面に湿り気を生み出す

②湿り気が増加し、氷によって指先の表面の温度が下がる

③指先の表面に適度な湿り気があるので表面の温度が0℃以下になる
④指先の力と指先の指紋によって、氷にしっかり指先の水分が押しつけられる
⑤指先の水分が氷によって凍り、氷と指の接着剤として働いて氷が指にくっつく

氷だけでなく、0℃以下に冷えた金属に触っても、手や指がくっついてしまうことがある。これは金属の表面にある霜や、手の湿り気が氷となって接着剤の働きをするからだ。

氷が手にくっついたら、無理にはがすと手の皮膚が氷にくっついた状態ではがれてケガをしてしまう。水をかけて溶かせばよい。

64 「猫ひっかき病」という病がある？

ネコ好きは、ネコを見かけると、思わず寄っていってスキンシップしたくなる。ところが、こちらは好意的に触れようとしても、思わぬネコパンチで攻撃されたり、ガリッとかまれたりする。大した傷ではないと思っていたら、あとでひどく腫れたり熱が出ることがあるという。

外ではなく家で飼っているネコでも、ひっかかれたりかまれたりすると、同じような症状が出ることがあるが、これは「猫ひっかき病」に感染してしまうからだ。「猫ひっかき病」は「バルトネラ菌」を持ったノミに血を吸われたネコやイヌから、人間に感染する病気である。

ネコやイヌにとってバルトネラ菌は常在菌なので無症状だが、人が感染すると傷の化膿や発熱、リンパ節が腫れるなど、つらい症状に見舞われる。

この病気は、ノミが発生・増殖する7～12月にかけて多くみられ、ネコと触れた幼児が手を洗わずに他の幼児に触ることで感染することもあるという。

治療法は自然治癒に頼るほか、リンパ節が腫れた場合は抗菌薬の投与があるが、できれば予防が第一である。

飼いネコの場合は、なるべく室内飼いにすることや、爪切り、ノミの定期的な駆除などが効果的である。外ネコの場合は、どんなに可愛くても無暗に触れようとして、刺激しないほうがいい。

いたずら好きだがいつも癒しを与えてくれるネコたちとは、なるべくフレンドリーに過ごしたいものである。外ネコや飼いネコからひっかかれて傷を負ったときは、まずは患部をしっかり水で洗い、その後に傷が深いようなら医療機関に行くのが一番だ。

65 「チョコを食べすぎると鼻血が出る」は本当?

バレンタインデーに女性が男性にチョコレートを贈るのは日本独自の慣習だ。

1936年に洋菓子店のモロゾフが「チョコレートを贈る日」として宣伝したのが始まりとか、1958年にメリーチョコレートがバレンタインセールを開催したのが始まりなどと諸説ある。

いずれにしても、この慣習が企業の戦略によって始められたことは確かだ。

それ以前から「チョコレートを食べると鼻血が出る」といわれていたが、医学的な根拠はないようだ。

チョコレートの主な原料はカカオ豆を砕いて練ったカカオマスとココアパウダー、牛乳、砂糖で、テオブロミンやポリフェノールなど血行をよくする物質が含まれている。

そのためチョコレートを食べ過ぎると、体の中で行き場を失ったエネルギーが鼻血となって放出されると思われていたようだ。

カフェインによる興奮作用と関連があるのではないかともいわれるが、チョコレートよりもカフェインの量が多いコーヒーを飲んでも、鼻血が出るという話は聞かない。

そもそも鼻血の多くは、鼻中隔の前方にある「キーゼルバッハ部位」からの出血だ。この部位は、鼻の穴の入口から1センチほど入ったところにあって、毛細血管が多く集まっている。

ここは粘膜が薄く、血管の表面がほとんど保護されていないので小さな刺激でも血管が切れやすく、鼻血の多くはこの部位の出血といわれている。

チョコレートを食べることで鼻粘膜が傷つくことはあり得ないので、チョコレートが鼻血の原因となるという説は都市伝説のようなものということになる。

鼻血といえば、かつて谷岡ヤスジの漫画に興奮すると「鼻血ブー」のカットがあるが、性的興奮時に鼻血が出るというのも医学的根拠はないようだ。

66 「ゲノム編集」をした赤ちゃんに降りかかる危険とは?

ヒトの体の中にはタンパク質を作る情報である遺伝子が入っている。この遺伝子を作り上げているものは、DNAで、このDNAを編集する技術を「ゲノム編集」という。この技術をめぐって問題が起きている。

「ヒトの3つの核を持つ受精卵の中でCRISPR-Cas9を使って遺伝子編集した」という論文が中国で発表された。CRISPR-Cas9とはDNA情報を一部削除したり、改変したりすることができる。

使った受精卵は不妊治療のため体外受精でできた「3つの核を持つ受精卵」である。体外受精をすると少ない割合で卵子1個に対して精子が2個入ってしまうなどで、核の数が多くなった受精卵になることがある。このような受精卵は廃棄するのが普通だが、中国の研究者たちは、「決して生まれることのない受精卵を使ったことで、倫理的な問題は取り除かれた」としている。この受精卵86個に操作を行い、

48時間後には71個が生存し、さらに54個の遺伝子を調査したところ、28個の受精卵では、きちんと目的の遺伝子が編集できていたという。ところが、目的の遺伝子以外のたくさんの遺伝子も編集していたのだ。

他の遺伝子も編集されていると、例えば、筋肉を作るにはミオシンやアクチンが必要だが、編集された受精卵にそれらが作れなかったら、筋肉が作れなくなってしまう。まだまだ技術として未熟だということだ。

では、技術が成熟して、目的の遺伝子だけを編集できるようになったら、実際の遺伝病の治療に使ってもいいのだろうか。

受精卵のDNAを変えてしまうということは、その子だけでなく、その次の世代にも影響が引き継がれる危険がある。仮にその子にDNAを改変したことで影響が起きなかったとしても、何世代かあとに何も起こらないという保証はない。

67 夢を見ているとき、脳ではなにが起きている？

「いい夢見ろよ」はタレント柳沢慎吾のキメぜりふだが、夢の内容は基本的に悪夢が多いらしい。

夢についてはさまざまな研究がされている。夢を見ている最中の脳活動を調べたところ、レム睡眠中は暗い中で目を閉じて眠っていても、眼球が上下左右に忙しく動いており、これに伴って脳の「視覚野」（視覚に関する領域）が活動していることがわかった。

起きているときと同じような脳活動が、眠っているときにも認められたのだ。

一方、ノンレム睡眠の時は急速な眼球運動はなされていなかった。

どうやらレム睡眠中には、鮮明でストーリー性や動きのある複雑な夢を見て、ノンレム睡眠時にはストーリー性のない静止画像のような夢を見ているらしい。

つまり、ストーリー性のある夢を見ているときに眼球が動いているのは脳が自発的にリアルな画像を作り、それを目で追って見ているからだということがわかった。

68 「あくびで涙が出る」ワケは？

あくび（欠伸）は古語の「欠ぶ（あくぶ）」からきているというが、「欠」は口を開けて行う動きの象形文字で、「欠伸」を「あくび」に当てたものだ。

さて、どうしてあくびをすると涙が出ることがあるのか。

それはあくびをしているとき、顔の筋肉を伸縮させており、これによって眼球の上にある涙腺が強く押され、涙が出てくるのだ。ただ単に口を大きく開けただけでは涙は出ない。あくびをするときに涙が出るのは、咀嚼筋（そしゃくきん）や表情筋をはじめとする顔の筋肉全体をフルに動かしているからなのだ。

涙は感情や刺激によっても流れるが、もともと眼球の乾燥を防ぐための涙が分泌されている。これは「基礎分泌」といって、目尻にある「涙腺」で作られている。

涙腺で作られた涙は、まばたきによって眼球に押し出され、眼球の表面を潤すが、その後、鼻腔へと流れていく。悲しくて泣いているのに鼻水が出るのはこのためである。

69 「立ちくらみ」のとき、脳の中でなにが起きている？

立ち上がったときに目の前が真っ暗になったり、朝礼などで意識がもうろうとしたりして倒れてしまったということはないだろうか。そもそも血液は重力の影響で下半身にたまりやすく、脳の血流が減って酸素不足になって立ちくらみが起きる。しかし、いつもはならないのに不定期に起きるのはなぜだろうか。

立ちくらみが起こる原因は、ストレスなどによる自律神経の一時的な異常とされている。血圧が下がると、脳は自律神経に血流を促す指令を送り、血圧低下を防ぐのだが、自律神経の働きに問題があると、立ちくらみが発生しやすくなる。

思春期の学生は、体が急激に成長するために自律神経の成長が追いつかず、自律神経のバランスが乱れやすくなって、めまいや立ちくらみが起こりやすくなる。

これを予防する食事には、鉄分やタンパク質を多く含む食材を摂取して、全身に酸素を運ぶ血中の「ヘモグロビン」を作る方法もある。また、身体の血行を促すようにストレッチをすることもよい。

4章

目からウロコが落ちる
「健康の真実」

70 朝食に「パンか、ごはんか」の決着は?

コッペパンは日本オリジナルのパンで、アメリカでパンの製法を学んだ田辺玄平によって大正8年に生まれた。東京上野で食パン専門店「丸十ぱん店」を営んでいた田辺が陸軍糧食の嘱託となって作ったのがコッペパンだった。それが急速に普及したのは、戦後、学校給食に出されるようになったからだ。その頃から、朝食にパンを食べる人が増え始め、今ではごはんと首位の座を争うほどになっている。

2014年にJA全中が行った調査によると、全体の49・8%がパン、38・7%がごはん、4・4%がヨーグルトという結果だったという。しかし、20代の場合は、50・6%がごはんで34・5%がパンとなっており、ごはん派が増えている。

では、パンとごはんで栄養価はどうだろうか。カロリーの違いはほとんどないといえる。

しかし、含有されている成分を見ると、大きく異なる部分がある。それは「脂質」

だ。

　ごはん（白米）に含まれる脂質…0・5グラム
　食パン（1枚）に含まれる脂質…4・4グラム

　食パンは作る過程でバターや卵などを使用しているので、ごはんに比べて脂質が7～8倍にもなってしまう。

　脂質は脂肪細胞を増やし、体に蓄積しやすいエネルギー成分なので、毎食パンだと毎食ごはんの人よりも格段に脂肪分を作りやすい状態になってしまう。

　それでは、ごはんの方がいいかというと、ごはんは水分量が高く味が淡白であるため、おかずが進みやすい。同時に摂取する塩分や脂質、糖分が多くなりやすい。

　もっとも、パンにしても惣菜パンやお菓子パン、一緒に食べるディッシュなどがこってりしていれば同じことだ。ダイエットしたいのであれば、主食にもおかずにも注意が必要だ。

71 「体にいいのは和食か、洋食か」の意外な結果とは？

日本食は世界に誇るヘルシーフードといわれて注目されている。それに対して肉中心の欧米型食事は健康に悪いというイメージを持つ人がいる。

ところが、国立国際医療研究センターなどの研究チームが、大阪府、沖縄県など9府県の40～69歳の男女約8万人を1990年代から15年間にわたって大規模な追跡調査をした結果、「欧米型の食事でも死亡リスクが下がる傾向がみられた」と発表したのである。

この研究では食事の内容を野菜、果物、イモ類、大豆製品、きのこ類、魚、緑茶などの「健康型」、ごはんや味噌汁、つけもの、魚介類などの「伝統型」、肉、パン、乳製品、果物ジュース、コーヒーなどの「欧米型」の3パターンに分け、それぞれの死亡リスクを調べた。

最も死亡リスクが低かったのは、心臓病の死亡リスクが低い健康型食事の傾向が高い人たちだったが、欧米型食事の傾向が高い人たちも心臓病の死亡リスクは健康型に次ぎ、低いという結果になった。伝統型食事では死亡リスクを下げていないことから「日本食は健康にいい」と思っている人にはショックなことだろう。

欧米型の食事が伝統型の食事より死亡リスクを下げた理由として、欧米型の食事は伝統型の食事より塩分が少ないこと、タンパク質が豊富と考えられる。

塩分は高血圧の原因になり、脳や心臓などの血管に負担をかけて重大な病気を起こす。良質なタンパク質はヨーグルトやチーズなどの乳製品や肉類に含まれており、これらを摂取することも大切だろう。

高齢者のタンパク質不足は、筋肉や骨がやせて運動機能が衰え、心臓や肺の機能も低下させる。そのため、高齢になってもときどき肉を食べて、タンパク質を摂るべきだ。

平均寿命日本一の長野県では、健康づくり運動で「ま・ご・は・や・さ・し・い」を合言葉に「健康型」食生活の豆、ゴマ、発酵食品、野菜、魚、シイタケなどのきのこ類、イモ類への改善に取り組んだという。これに「欧米型」の肉と乳製品をほどほどに加えるのがベストと思われる。

72 マグロの目玉を食べると頭が良くなる？

健康志向の旺盛な日本では、テレビ番組で○○が□□に効果があると放映すれば、翌日にはスーパーで売り切れるようだ。こうして、あまたの食品が一時的なブームになるのだが、その一つに「マグロの目玉」がある。

マグロの目玉には「ＤＨＡ」（ドコサヘキサエン酸）が多く含まれ、「ＤＨＡを摂ると頭が良くなる」というのである。そのため、脳の成長期にはＤＨＡを摂取することが必要という。ＤＨＡが神経細胞に多くあると細胞膜が柔らかく保たれ、脳内の情報伝達が正常に行われるので、記憶力の向上、学習能力の向上、頭の回転が良くなる、視力低下の予防のような効果が見込めるというのだ。

ＤＨＡは、脳細胞や網膜の細胞をつくる大切な成分で、エゴマ油や亜麻仁油、くるみ、魚などの海産物などにも多く含まれている。

だが、ＤＨＡをたくさん摂れば、実際に「頭が良くなる」のだろうか。

ＤＨＡの効果を検証した論文はたくさんあり、効果があったという結果もあれば、効果がなかったという結果のものもある。魚を食べるお母さんの母乳はＤＨＡ濃度が高いという研究も複数ある。

ある実験で、イワシ油入りのエサを食べているネズミと、食べていないＤＮＡ欠乏のネズミを一晩、水を与えないでおいた。翌朝に迷路の反対側に水を置くと、イワシ油入りのエサを食べていたネズミは、素早く水のところに到達し、イワシ油はネズミの学習効果を高めたようだという結果を得たという。

ＤＨＡは人の脳に多く含まれて神経と神経を接続する細胞の膜に分布し、神経間の情報伝達するシナプスに関係している。このネズミの実験をコンピュータに例えると、電流が早く流れているのである。ＤＨＡが極端に不足すると確かに視力や学習能力が低下する。だが、大量に摂取するだけで頭が良くなるかというと、そうではない。

いくら高性能なコンピュータでも、情報を入力しなければコンピュータは使えないのと同じように、頭にも情報を入力しなければ意味がないということを、無視してはならないのだ。

73

「夜ふかしは体に悪い」の通説が揺らいでいる？

「草木も眠る丑三つどき」という言葉がある。昔の時刻で丑の刻を四つに分けたうちの三番目をいう。現在の時間では午前2時から2時半頃にあたり、人はもちろんのこと、草木までもが眠って静まり返った深夜である。

ある女性雑誌で「何時からを夜ふかしと思うか」というアンケートをしたところ、次のような結果が出た。

23時〜0時くらい…6％　1時…33％　2時…21％
3時…28％　4時…7％　5時以降…5％

約半数の人が丑三つ時まで起きているのを夜ふかしと感じていることになる。「5時」と回答した人が5％もいるが、これは夜ふかしの定義を超えている。

これまで「夜ふかし」は体に悪いとされていたが、最新の研究によると、すべての人にとって悪いわけではないという。

そもそも、私たちの体の中には、「体内時計」が備わっていて、これを動かす源として「時計遺伝子」がある。人間の体はこの遺伝子によって、目覚める、お腹が減る、眠くなる、といった生きるための基本的なリズムを刻んでいる。この時計遺伝子の働きに基づいた体内時計に従えば、常に快適で効率よく過ごせるというのだ。中には、夜ふかしなのに健康診断の数値は基準値に収まっていて、いつも元気でいられる人がいる。その人は、体内時計のズレによる時差ボケが起きている。ただ、それが体に悪いとはいえない。その人が「時差ボケに適応している」かもしれないのだ。

体に悪い生活というのは、日によって起床と就寝が不規則なケースである。光を浴びることで時計遺伝子はリセットされるので、夜中の2時に寝て朝10時に起きる生活でも、その習慣が規則的に続いていけば、体内時計のリズムは刻まれる。

夜ふかしをしても元気な人は、その人なりのリズムを刻めている。こうしたリズムが崩れることに問題があったのだ。

74 ダイナマイトに使う「ニトログリセリン」は薬になる？

爆薬のニトログリセリンは1846年にイタリアの科学者アスカニオ・ソブレロが発明した。これをなめてみたソブレロはこめかみがズキズキとしたというが、毛細血管が拡張された結果とは知らなかった。当時はニトログリセリンはわずかな振動でも爆発するため、爆薬には不向きだった。1866年にスウェーデンの科学者アルフレッド・ノーベルが、ニトログリセリンを使ってダイナマイトを発明した。

その後、あるイギリスの火薬工場で、月曜日に胸痛を訴える工員が多いことがわかり、彼らに狭心症があることが判明した。彼らは露出した皮膚や粘膜からニトログリセリンの粉末を吸収しており、狭心症を抑えられていたのだが、週末の休みで切れていたのである。まさに瓢箪から駒のように、ニトログリセリンが狭心症の特効薬であることが分かったのである。

現在では舌下錠として服用すると、速効効果が発揮されるようになった。ちなみに錠剤を噛んだりしても爆発する恐れはない。

75 白髪を抜いても白髪しか生えてこない？

髪の毛というのは、もともとはすべてが白髪なのだ。髪の毛は爪と同じように死んだ細胞で、まったく色素の入っていない白い極細ストローのようなものに伸びていくときにメラニン色素が入ることで黒や茶などの色になる。

若い人は色素細胞のもとになる細胞が多いので濃い色の髪の毛が生える。ところが、年を取ると色素細胞が減って働きが弱まり、白い毛髪のまま成長してしまう。これが白髪の正体で、黒い髪が途中から白くなるのではない。

白髪を抜いても、白髪が生えた毛根は色素細胞が働かなくなっているので、毛穴からは白髪しか生えてこない。いくら抜いても白髪が減ることもないのだ。

では、どうして年を取るとメラニンが少なくなっていくのか。

髪の毛はタンパク質でできている。髪の毛の根元の皮膚の下には「毛包（もうほう）」という部分があって、ここで髪の毛が作られる。この毛包の中に髪の毛を作る細胞や、メラニンを作る色素細胞などが入っている。

髪の毛は1カ月で約1センチ伸び、3~6年成長すると、やがて抜ける。健康な人でも1日に100本くらい抜ける。抜けるときには髪の毛を作る細胞や色素細胞も毛穴からなくなる。すると、毛穴の周りにある新たに髪の毛を作る細胞や色素細胞の元になる細胞が、毛根に向かって移動する。これが新しい色素細胞などになる。

加齢によって色素細胞のもとになる細胞が少なくなる原因は遺伝子にある。色素細胞の元になる細胞は分裂をくり返して数を増やすが、遺伝子に傷がつくと、この細胞が分裂できなくなることがある。すると、やがて細胞自体がなくなってしまう。

遺伝子が傷つく原因とされるものはいくつかあるが、詳しいことはまだよくわかっていない。もし、色素細胞の元になる細胞が減るのを食い止めたり、働きを高めたりすることができれば、白髪になるのを防げるかもしれないが、そうした薬はまだ開発されていない。

76 「化粧品の尿素」とオシッコの尿は関係ある?

化粧品に「尿素」が含まれているものがある。尿素というからにはオシッコが原料と思えてしまうのだが、どうなのだろうか。

結論からいうと、化粧品に入っている尿素は、科学的に合成されたもので、オシッコが入っているわけではない。人は食べ物を分解するときに人体に有害なアンモニアを作り出す。それを無毒化したものが尿素である。尿素は人の身体の中で自然に作られ、成人なら1日に約30グラム排泄されている。

化粧品に入っている尿素というと、もともと動植物が作る有機物は人工的に作ることができないとされていた。しかし、1828年、ドイツの科学者フリードリヒ・ヴェーラーがシアン酸アンモニウムから有機物である尿素を作り出したのである。こうしてできた尿素は、皮膚の表面にある角質に保湿性を与えて潤った肌にし、余分な角質を取り除いて柔らかい肌にしてくれる働きがある。

ということで、尿素が含まれた化粧品は安心して使うことができるのだ。

77 寝ているのに疲れることがある？

80歳でエベレスト登頂を果たした三浦雄一郎氏の疲労回復法はぐっすり眠ることだという。激しい疲労でふらふらになり、ぐったり動けなくなっていた。しかし、翌朝には元気を取り戻し、最後まで自分の足で下山できた。疲労回復には、睡眠が最高の特効薬だったのだ。

では、十分な休息にもかかわらず疲れがとれないときがあるのはなぜか。それには9つのワケがあるとされている。

1 部屋が雑多に散らかっていると、脳を集中させることができず、無駄にエネルギーを消耗させてしまう

2 太陽の光を浴びていないため、体内にビタミンDが補充できない。そのため、体と脳の働きが活発にならない

3 朝食をとらなかったり、バランスが悪い食事をとると体に悪影響を及ぼす

4　水分が足りていない

5　周りにネガティブな人がいる。常に他人の悪口や文句を言う人はエネルギーを吸い取られてしまう

6　電子機器を長時間使っていたり、寝る前に使っていると体がだるいと感じるようになる

7　過度な睡眠は、1日を通して体が活発でなくなり、体のサイクルを管理している脳の一部が混乱状態になるため、体内のリズムを崩す

8　運動不足。運動はホルモンのバランスを整え、疲労を解消してくれる。運動をしないと、かえって疲労する

9　アレルギーや花粉、貧血など慢性的病気による症状も疲労の原因になる。このような持病を持つ人ほど更年期障害、うつ病、不眠症にかかりやすい

こうしたことから、たとえ家でずっと寝ていても疲れを感じるのだ。

78 「発酵食品と腐敗」はほとんど差がない？

人類が発酵を発見したのは数千年前に遡り、腐敗と発酵は微生物が介在しているという共通点がある。微生物は、われわれの身の周りの空気中や土壌などの、あらゆる場所に存在し付着している。

その微生物も生命活動をしていて、栄養を吸収して代謝物を排出する。食べ物に付着している微生物が、その食べ物の成分を分解しているのだ。

発酵は、微生物の代謝作用によって、ヨーグルトや酒のように糖類が分解されて乳酸やアルコールなどが生成される。発酵させた食品は栄養が体内に吸収されやすくなり、発酵過程でビタミンやアミノ酸などの栄養成分が生成されて栄養価がアップし、風味や旨みが増すといった変化が生じる。

一方の腐敗は、魚や肉のようにタンパク質やアミノ酸などが微生物によって分解され、硫化水素やアンモニアのような腐敗臭を生成。さらに人体に有害な食中毒などの原因物質を生み出し、最後には食べられなくなってしまう。

微生物にとっては発酵も腐敗も生命活動を行うことであるが、その線引きは厳密なものではなく、人間生活に有用な場合を発酵、有害な場合を腐敗と呼んでいる。

したがって、臭いの強いくさやや鮒寿司などは、日本人には発酵食品だが、なじみのない欧米人は腐敗と定義するだろう。つまり人間にとって「良い」と評価した副産物に発酵食品の称号が与えられているのである。

発酵と熟成の境界はなく、熟成肉などの熟成は微生物が介在しない。だが、味噌などは麹という微生物が出す酵素で熟成が進むので、微生物が介在している。

味噌などは、発酵させる段階では発酵と呼ぶが、さらに進むと熟成になり、発酵熟成させたものと表現している。

発酵と腐敗は紙一重の現象で、どちらになるかは微生物の種類による。発酵段階でも腐敗菌など雑菌が混入する。そのため発酵に誘導しようと麹などによって発酵微生物を加えたり、塩を加えて雑菌の増殖を抑えたりする。

発酵微生物自身も乳酸菌を排出して環境を酸性にしたり、ペニシリンのような抗生物質を作って雑菌の増殖を抑え、保存性が高まるのである。

79 「爪」でどこまで人の健康がわかる？

爪はタンパク質の一種であるケラチンでできており、毛髪と同じように皮膚の角質層が変化したものである。

人の爪は、一日に0・1〜0・2ミリほど伸び、利き手の方が伸びがいいようだ。爪の皮膚に接していない部分は死んだ細胞なので、切っても痛くない。

爪は根元の爪母（そうぼ）と呼ばれる部分で作られ、生まれたての爪は水分を多く含んでいるため白く見え、「爪半月（つめはんげつ）」という。爪半月は、昔から健康のバロメーターとされているが、幼児には少なく、20歳前後で最大になる。50歳を過ぎる頃から急激に減少して、爪半月がない人もいるので、爪半月の有無は病気のサインではない。

だが、爪に身体の変調が現れやすいのも事実だ。健康な爪は血液が透けて見えるためピンク色に見えるが、指先の血液の流れが悪くなると白っぽく見える。爪に横に走る筋があるとか、表面に白い斑点が無数にあるとか、爪の下半分が白っぽく、先の方が赤褐色になっているなどは、身体が健康とはいえない状況であるという。

80 「貧乏揺すり」に健康効果がある？

貧乏揺すりをする人は無意識でしているようだが、不安があったり考えごとをしているときに、気持ちを落ち着けようとして起こるようだ。

貧乏揺すりは「レストレスレッグス症候群」という。女性は男性の二倍と多く、手足を動かさないと心地が悪く、ときには痛みを感じることもあるという。この仕草は、健康効果もあるとされている。アメリカでは、貧乏揺すりを「ジグリング」と呼び、血栓を予防する有効な方法として、休憩時間には手足をぶらぶらとさせてストレッチや気分転換をする会社もあるという。また、貧乏揺すりで血流を良くし、末端の血管を強くすることで、心臓の負担を抑える効果もある。そうなると、頭への血の巡りを整えることもでき、集中力を高めることもできる。

だが、他人の貧乏揺すりを見ている側は気分のいいものではない。貧乏揺すりを止めるには、症状がある本人が自制するのが一番だが、足を動かす体操や熱い風呂や水風呂に足を浸けたり、足のマッサージをするなども効果があるようだ。

81 「酒を飲むとトイレが近くなる」と二日酔いの関係とは?

お酒を飲むとよくトイレに行きたくならないだろうか。ビールなどは水分なのだから当然だと思うかもしれないが、お茶やジュースを飲んでもそうはならない。実は、お酒のアルコールが、脳の動きに直接干渉しているのだ。通常では人は脳の下垂体から分泌される「バソプレシン」という特殊なホルモンが働いて体内の水分を維持するように、腎臓に信号を送って尿意を調整している。

ところがアルコールを摂ると、アルコールが脳の動きを邪魔し、バソプレシンを作る動きも止めてしまう。すると腎臓に信号を送れないため、水分が体内から出てしまうのである。このとき、まずは血液の中の水分が排泄される。そして浸透圧が上がるために、体液の水分が血管の中に移動し、この水分が次に排泄され、最後に小腸で吸収されたお酒に含まれていた水分が排泄されるのである。

そのため、お酒を飲んで脱水症状を起こす可能性がある。脱水症状は二日酔いを引き起こすので、お酒を飲むときには水分もしっかり摂ることが大切である。

82 「暗い部屋で本を読んだら視力が落ちる」の真相とは？

よく「暗い部屋で本を読んだら目が悪くなるよ」と言われたが、実は「暗い部屋での読書が視力を低下させる」という説には、医学的根拠はないようだ。

医学的に見れば、目が悪くなる原因は「暗さ」ではなく「ものを見る距離」にあるという。

近視の原因には「遺伝的要因」と「環境的要因」があるとされるが、このうち「環境的要因」は、スマホを見たり読書をしたりするときの「近くのものを見つめ続ける」という行為であるという。

近くのものを見つめ続けていると、目のレンズ調整機能を担っている筋肉が固まったようになり、その結果、近視と呼ばれる状態になる。

しかし、距離感に注意しさえすれば、暗いところで読書してもいいかというと、そうでもない。

暗いと、少ない光を取り入れるために黒目が大きくなり、ピントが合わせづらくなる。無理にピントを合わせようと目の筋肉が緊張して疲れやすくなり、しみるような痛みや乾きを招くこともある。そのうえ、はっきりと物が見えにくくなるため、知らず知らずのうちに目を近づけて見るようになる。その結果、近視が進んでしまうのだ。

目と本の適度な距離には個人差があるが、リラックスして読書に集中できる間隔を保つようにしたい。そして10分ほど読んだら、2〜3メートル離れた場所を1〜2秒見つめると、目の緊張がほぐれ、疲れも和らぐ。

40℃ぐらいに温めたタオルを10分程度、目に当てると、疲れをとるには効果的という。

83 「五月病」に原因と対策がある？

まずは次の項目をチェックしてみてほしい。

□朝早く目が覚めるが気持ちが沈んでいることが多い
□食欲がわかない、落ちたと感じる
□仕事や人間関係について悩んでいる
□会社に行きたくない、辞めたいと感じる
□自分に対して「ダメなやつだ」と落ち込んだり、憤りを感じたりすることが多い
□やりたいことや目標を見失って、やる気が出ない
□他人と会ったり、話をしたりするのが面倒くさいと感じる
□身だしなみを整えるのも面倒だと感じて手抜きをするようになった
□なんとなくだるいと感じる
□集中力が落ちてイライラしやすくなった

このうち該当項目が3～6個なら注意が必要だ。あなたは「五月病」になる直前かもしれない。7～10個ともなると、専門医に診てもらうことも考えたほうがいい。

「五月病」という病気は、医学的にはない。この言葉がいつごろから使われるようになったのか、明確にはされていないが、5月の連休後に、学校や会社に行きたくない、なんとなく体調が悪い、授業や仕事に集中できないといった症状がいつからともなく「五月病」と呼ばれるようになった。適応障害、うつ病、パーソナリティー障害、発達障害、パニック障害、不眠症などがそれに当たる。

五月病は主にストレスが原因で起こるとされている。初期症状としては、やる気が出ない、食欲が落ちる、眠れなくなるなどがあり、これらの症状をきっかけとして徐々に体調が悪くなり、欠席や欠勤が続くようになる。

この「五月病」は治るのだろうか。病気の原因であるストレスを解消するのが一番の治療法だ。

1 時間を上手に管理する
2 他人と交流する
3 運動を習慣化する
4 体をケアし生活を健康的に変えていく
5 呼吸を整える

などがすすめられている。

自分が五月病かもしれないと思ったら、まずは医師の診察を受けるようにしたい。肉体的な病気がなくても、精神的な病気の可能性がある。症状が2週間以上続くようなら、精神科や心療内科での診察を受けてみたほうがいい。

五月病はたいていの場合、一過性の心身の不調なので、だいたい1～2カ月で自然と環境に慣れ、症状がよくなるとされている。しかし、こじらせてしまって深刻な状態になることもあり得るので、軽くみないようにしたい。

5章

考え出したら止まらなくなる「宇宙と地球のミステリー」

84 なぜ「流星群」は、毎年同じ時期に見られる？

長野県阿智村は、日本で「星が最も輝いて見える場所」で２００６年に第1位に認定された星の村だ。ロープウェイで標高１４００メートルの地点まで行くと、満天の星空を見ることができる。阿智村では流星もよく見える。

そもそも、流星とは何か。また、なぜ流星群は定期的に見ることができるのか。

「流星」とは、宇宙空間にある直径1ミリから数センチ程度のチリが地球の大気に飛び込んできて、大気と激しく衝突して高温になり気化する。そのときに光を放つ現象なのだ。

チリが大気に突入する速度は、遅いものでも秒速11キロ以上、速いものでは秒速72キロという超高速である。超高速で大気に衝突したチリは非常に高温になって燃焼し蒸発する。

このチリの粒の集団は、彗星が軌道上に放出したもので、放出した彗星の軌道上に密集している。彗星の軌道と地球の軌道が交差していると、地球が彗星の軌道を通過するとき、チリの粒の集団が地球の大気に飛び込んでくるように見える。

毎年特定の時期に特定の流星群が出現する（正確には流星群が極大になる）が、これは、地球が太陽の周りを公転していることによって、同じ時期に彗星が地球の公転軌道上にバラまいたチリの中を通過するからである。

小惑星のかけらも流星のもとになる。この大きいものは、地球の大気中で燃え尽きずに地上に達することがある。これが隕石だ。

チリの粒は同じ方向からやってくるので、それを地上から見ると、その流星群に属している流星は、星空のある一点から放射状に飛び出すように見える。

流星が飛び出す中心となる点を「放射点」と呼び、一般には放射点がある星座の名前をとって「○○座流星群」と呼んでいる。

1998年に「しし座流星群」が見られたとき、「流星群が地球に大接近」と表現したメディアもあった。たしかに流星のもとになる物質の濃密部分が地球軌道を通過するかもしれず、雨のように流星が大出現する可能性はあった。

しかし、流星群は太陽系空間を公転運動していたチリが地球大気に飛び込んできて、発光する現象なので、「大接近」ではなく「大出現」とでもしたほうがいい。

85 「ブラックホール撮影成功」の驚くべき裏事情とは？

２０１９年４月、史上初めてブラックホールの撮影に成功したというニュースが世界中を駆け巡った。アインシュタインが一般相対性理論に基づいて、その存在を予言したブラックホールが、約１００年たってついにとらえられたのだ。

観測したおとめ座のＭ87銀河の中心にある巨大ブラックホールは、地球から約５５００万光年も離れている。その姿をとらえるには、人間の約３００万倍の視力が必要とされる。そこで、アメリカ、ドイツ、オランダ、日本などの研究者が参加した研究グループは、チリにあるアルマ望遠鏡をはじめ、アメリカ、メキシコ、スペイン、南極にある世界８カ所の電波望遠鏡を連動させ、地球サイズの巨大な望遠鏡を実現させたのである。

５日間の観測で得たデータはギガの約１００万倍の１ペタバイトを超し、高性能パソコン約１０００台分のデータ量に達した。

大量のデータといってもブラックホールの撮影に必要なものを抜き出すと情報量

は多くはない。８つの電波望遠鏡で観測したデータの解析には、日本の本間希樹教授らが開発した「スパースモデリング」と呼ばれる数学的な手法が活用された。

この手法では限られた情報から重要な特徴を見つけて、本質的な部分を取り出すことができ、世界に散在する望遠鏡のデータを統合してブラックホールの鮮明な画像を作ることに成功したのだ。

研究チームの画像は、あらゆる物質や光がブラックホールに吸い込まれて出てこられなくなる境界線「事象の地平面（イベント・ホライズン）」をとらえていた。境界線は黒い影を作りだし、ブラックホールの実在が証明されたのだ。

撮影されたブラックホールは太陽の65億倍もの巨大な質量を持つ。研究チームは太陽が含まれる天の川銀河（銀河系）の中心にある巨大ブラックホール「いて座Ａスター」も観測し、データの解析を進めている。ブラックホール自体はＭ87より小さいが、距離は格段に近いため、より鮮明な画像が得られる可能性がある。

巨大ブラックホールとその周りで起きている現象を調べれば、どのように銀河が生まれ、成長してきたかなどがわかると考えられ、期待は大きい。一般相対性理論を超える新たな理論の発展へ突破口を開く期待もあるという。

86 世界も注目する「はやぶさ2」は、実際なにがすごい？

２０１９年2月22日、午前7時48分。地球から約3億4千万キロ離れた小惑星「リュウグウ」に、宇宙航空研究開発機構（ＪＡＸＡ）の小惑星探査機「はやぶさ２」がタッチダウンを成功させた。

地球から「はやぶさ２」へ電波を送って機体を制御するが、電波が「はやぶさ２」に届くまでに19分もかかるため、操縦は困難をきわめる。

そのような条件の中で「はやぶさ２」は「リュウグウ」の上空約20キロ付近から狙いを定め、探査機の大きさとほぼ同じ半径3メートルという領域へ、狙い通りにタッチダウンすることに成功したのだ。

この難しい条件の中で、これほどの精度でタッチダウンを成功させた例は、世界でも類をみない。これが「はやぶさがすごい」の第一だ。

はやぶさシリーズ（初代はやぶさ、はやぶさ2）は、小惑星にタッチダウンする際に、機体から弾丸を「リュウグウ」に撃ち込んで地面を砕き、砂粒などを舞い上げて試料を採取する構造である。前回の初代はやぶさでは、この工程がうまく作動していなかった。

しかし、今回のタッチダウンでは、この弾丸発射も問題なく作動し、初代はやぶさのリベンジを果たしたのだ。

今回のタッチダウンではスタートが5時間遅れはあったが、以降の運用は超スムーズに行われ、あらゆるオペレーションを成功させた。

この、運用チームのオペレーションが「完璧」だったことが「はやぶさがすごい」の第二だ。

ほかにもはやぶさ2のすごいところはたくさんある。それらがさらに積み重なってリュウグウからサンプルを持ち帰ることができたら、太陽系の歴史が解明されていくことだろう。

87 「宇宙と深海」で探査が難しいのはどっち？

はるか彼方で輝く「月」と、地球最後のフロンティアともされる「深海」では、どちらの探査が難しいのだろうか。

宇宙と深海のそれぞれに国際大会があり、出された課題に日本の研究者グループが挑戦している。

月面探査の国際大会「Google Lunar XPRIZE」では「月面に探査機を着陸させること」「着陸地点から500メートル以上移動させること」「高解像度の動画や静止画データを地球に送信すること」の課題を出し、日本から民間月面探査チーム「HAKUTO」が挑戦した。

当初、月の表面のフカフカとした砂を進むのは、火星を覆うガタガタした岩石を乗り越えるよりも簡単だと思っていた。しかし実際に試作した探査車を砂の上で走らせてみると、フカフカの砂の上では車輪が空転し、もがけばもがくほど沈んでいった。

これでは月面探査はできないと、さまざまな形の車輪を作って試行錯誤し、月面でも探査できると思われる探査車を作り上げたという。

また、宇宙では探査機の通信が途絶えると復旧させることが非常にむずかしい。月面ではＧＰＳが使えないため、ロボット自身が周りの景色を撮影したり、電波などによらず三次元の加速度を検出して速度や移動距離などをコンピュータで算出する「慣性航法技術」を利用することで、自分の場所を把握する必要がある。

そのため、遠く離れた場所で探査機をコントロールする困難さがあるという。

深海探査の国際大会「Shell Ocean Discovery XPRIZE」には「有人支援母船なしに、探査ロボットだけで広大な海域の海底地形図を作成し、海底画像を撮影する」というミッションがあり、「Team KUROSHIO」が挑戦した。

深海探査では水深が10メートル深くなるごとに圧力は1気圧ずつ高くなるため、水深約11キロの地球最深部では１１００気圧となり、探査機はその圧力に耐えねばならない。

深海生物のダイオウグソクムシの生息水深は１０００メートルまで、ニュージーランド沖のケルマディック海溝で発見された巨大ヨコエビは水深７０００メートルで採取された。だが、高水圧化におけるタンパク質の組成の限界などの仮説があり、水深8400メートルを境に魚は生息できなくなるとされている。

特に困難なことは水中での通信だという。一般的な通信は「電波」を用いるが、水中では電波が通じない。そのため超音波を用いて情報の伝達をするが、超音波は電波にくらべて分解能が非常に低いため、無人探査機の位置を把握することが非常に難しいという。

宇宙探査機も深海探査機も重量が非常に重要で、ネジ1本の軽量化にまで神経を使っているが、深海探査機では重量と浮力が釣り合わないと、潜ることも浮上することもできないのだ。

月までへの距離は38万4400キロ。地球で最も深いとされるマリアナ海溝最深部は水面下1万911メートルで、距離的には深海は月の3万8400分の1しかない。だが、これまで月面に着陸した人類は12人いるが、地球最深部に到達した人類はまだ3人しかいない。月面探査に比べて深海探査がまだまだ行われていないということは、深海探査のほうが難しいようだ。

88 宇宙に銀河はいくつある？

かつては日本のどこからでも夏の夜空に輝きながら横たわる天の川を見ることができ、七夕の夜には、織り姫と牽牛の話を聞かされたものだ。いまや都会では空気の汚れや町の明かりで天の川を確認できなくなってしまったが、空気が澄んで町の明かりが届かない標高が高いところでは見ることができる。

銀河は恒星や惑星、星間ガスなどの数多くの天体が集まって構成されている。地球は太陽系に属しており、さらに太陽系は「銀河系」や「天の川銀河」と呼ばれる銀河に含まれている。

無数の星を見ているといくつこれらの星があるのか、われわれのような生物がいるのか、考えにふけることがある。すべての銀河は宇宙を移動している。銀河同士は大きな重力によって互いに接近しあい、衝突し、ときには一方の銀河に吸収される。

こうした銀河同士の衝突は宇宙においては珍しいことではない。天の川銀河も、約２５００万光年離れているアンドロメダ銀河と、秒速３００キロで接近しており、数10億年後には衝突するといわれている。一方で、遠方の銀河ほど速い速度で互いに遠ざかっていることもわかっており、このことから宇宙は膨張していると考えられている。

現在では、天の川銀河は少なくとも2000億個の星の集合体で、そのほとんどが自ら光り、位置の変化が少ない恒星であるとみられている。天の川銀河の中心は「いて座」の領域にあり、そこには大質量のブラックホールがあるとされている。

かつては天の川銀河以外の銀河を発見することは、大変に難しいことだった。やがて宇宙科学の進歩や天体望遠鏡によって、多くの星の観測は可能になったが、光が届かず可視できない遠い天体についてはわからないことが多かったのである。

数年前には銀河は5000億個あるとされていたが、2016年のNASAの発表によると2兆個とされている。また、天の川銀河の外に1兆個の惑星がある可能性もあるという。

2兆個の銀河と1兆個の惑星の中には、地球と同じような環境を持った惑星があり、人類に近い生命体がいる可能性もある。「何光年」という遠い宇宙の果てにいるだろう彼らとわれわれは、いつの日にか巡り会うことができるのだろうか。

89 太陽の寿命がわかる?

星（恒星）は、宇宙に漂う水素やヘリウムなどのガスとチリからなる「星間物質」が集まって誕生し、生まれたての星を「原始星」という。

原始星は周囲にある星間物質を重力によって引き寄せながら成長する。原始星のまわりには、のちに「惑星」となるような物質が集まり、円盤状の形を作っていく。

やがて原始星の中心部では核融合反応が起こり、大量の熱を持って輝くようになる。このような星を「主系列星」という。われわれの太陽系の中心にある太陽も、まさにこの主系列星の状態にあり、人間でいえば働き盛りの壮年に例えられる。

主系列星の進化の次の段階にあるのが「赤色巨星」である。主系列星の内部で水素原子核の反応が進んでいくとヘリウムが生まれ、星の中心部にヘリウム原子核ができる。

中心核は重力によって縮むことで、次第に温度が上がっていく。その一方で、水素でできた外層は低温になって赤く見えるようになる。

この段階で恒星は膨張を重ね、巨大な星となる。この状態を「赤色巨星」という。膨張を続ける赤色巨星の周囲に惑星があれば、赤色巨星に飲み込まれるか、軌道を変えることもある。はるかな未来に太陽が赤色巨星の段階に入れば、地球もその影響を免れることはできないだろう。

核融合反応は質量が大きい星ほど激しく、主系列星としての終わりも早い。逆に質量が小さい星は寿命が長いと考えられている。

赤色巨星の中でも質量が大きく明るいものを「赤色超巨星」という。地球から観察できる赤色超巨星では、約642光年のかなたにあるオリオン座の、冬の大三角形の一つであるベテルギウスがそうで、太陽の約1000倍の大きさがある。

赤色巨星まで進化を続けた恒星は、最後に「超新星爆発」を起こす。夜空に突然、明るく輝きだすことから、中世以前の観測者たちは「新星」と名付けたが、実際は星としての終焉であった。

太陽と同じ質量の星の寿命は約100億年と考えられている。

われわれが体験できない遠い未来の話だが、今後もさまざまな観測結果やシミュレーションを重ねることで、新たな事実が解明されていくことが期待される。

「宇宙が生まれた138億年前」のその前は？

アメリカ航空宇宙局（ＮＡＳＡ）が２００１年６月に打ち上げた宇宙探査機「ウィルキンソン・マイクロ波異方性探査機」（ＷＭＡＰ）によって、ビッグバンとよばれる「宇宙の始まり」の詳細がわかり始めた。

この探査機による観測の結果、宇宙は今からおよそ１３７億年前に誕生したということが定説になった。しかし、２０１３年３月になって、２００９年に欧州宇宙機関が打ち上げた宇宙望遠鏡プランクの観測から、宇宙誕生はそれよりさらに１億年前の１３８億年前であるという解析結果が発表された。

１３８億年前の宇宙誕生の瞬間のことは、まだわかっていないが、誕生直後に大きな変化があったことは理論的に予測されている。それは「インフレーション」と呼ばれる現象で、この理論は１９８１年に日本の佐藤勝彦氏と米国のアラン・グースによって、それぞれ独自に提唱された。

それによると、１３８億年前に誕生した宇宙は10^{-36}秒後から10^{-34}秒後というわずかな時間に、誕生したとき10^{-34}センチだった大きさが、10^{34}倍以上にまで一気にふくれあがったのだ。

といっても、インフレーションを経てふくれあがった宇宙の大きさは、直径1センチ程度しかなかった。今の宇宙から見れば「極小の火の玉」だが、インフレーション以前の宇宙から見れば、「超巨大な火の玉」である。

インフレーションによって宇宙は光と物質で満たされた。しかし、その光はすぐに自由に全方向に広がったわけではない。光が宇宙全体を自由に飛び回るようになるまでに、およそ38万年もの時間がかかった。

誕生直後の宇宙は、きわめて高いエネルギーを持つ高温の世界で、星も銀河も存在せず、物質を構成する原子核もなかった。

膨張と共に温度が冷えていくと、陽子や中性子が形づくられ、3分後に原子核がつくられる温度になり、水素の原子核（陽子1個）のほかにヘリウム（陽子2個と中性子2個）の原子核がつくられたと考えられている。

しかし、まだ温度は電子が原子核のまわりを回れるほど十分に低くはなかった。当時の宇宙は、そういうプラズマ（電離）状態で、光はまっすぐに飛ぶことができなかった。

温度が下がり、電気的に中性になった空間を光がまっすぐ飛べるようになるまで、ビッグバンから38万年かかった。宇宙が光に対して透明になったことを「宇宙の晴れ上がり」という。このときに飛び出した光が、現在の宇宙を満たしているマイクロ波だ。

「宇宙の晴れ上がり」のときに３０００℃だった宇宙の温度は、その後現在までのあいだにマイナス２７０℃（絶対温度２・７℃）まで下がった。

ただし、その温度分布は完全に一様ではなかった。「宇宙の晴れ上がり」で放たれた光の温度にわずかな「ゆらぎ」があったからだ。宇宙空間は均質なものではなく、電子を取り込んだ原子などによる物質的なムラがあった。

それを反映して、光にもゆらぎが生じた。全天を満たすマイクロ波は、宇宙が晴れ上がったときの光の波長が伸びたものなので、１３８億年が過ぎても、当初のゆらぎがそのまま残っている。

しかし、そのゆらぎは、わずか10万分の1。そこまで小さな電波のゆらぎを観測する精密な観測機ができあがるまでには、長い時間がかかった。

最初に宇宙背景輻射のゆらぎを観測したのは、米国の「ＣＯＢＥ（宇宙背景輻射探査機）」という人工衛星だった。ＣＯＢＥは、その電波におおむね10万分の１のゆらぎがあることを発見し、観測のリーダーであるジョン・マザーとジョージ・スムートは、２００６年にノーベル物理学賞を受賞している。

インフレーションを引き起こしたポテンシャルエネルギーが、相転移によって高温・高密度の物質と光に転化し、物質（粒子）と反物質（反粒子）のぶつかりあいを経て宇宙が歩み始めた。

しかし、ここにもまだ大きな解けない謎が残っている。なぜ粒子と反粒子の数が同数でなかったのか。もし同数であれば「対消滅」を起こして粒子は消えてしまうが、ごくわずかな対称性の破れによって原子が生き残った。

約１００億個の粒子が次々と反粒子にぶつかって消滅していく中、わずかに一つだけ生き残ったのが我々の体を形作る原子となったのである。

ほんのわずかな差が物質、生命を生み出した。それがなぜ起きたのかは、現在でも解けない謎である。そして、その対極にあるともいえる遠い未来の宇宙の姿もまた追究され続けている。

見えない重力源「ダークマター」が宇宙を形作っている？

地上約600キロ上空の軌道上を周回するハッブル宇宙望遠鏡は、大気の影響を受けないことで、彼方にある数千億個の星々が集まる「銀河」も鮮烈に映し出すことができる。

それによると、銀河や銀河の集合体は、直径約1億光年の泡の膜状に、銀河が群れ集まっていることがわかった。

理論からは、銀河の泡ができるには、「ダークマター」という見えない謎の重力源が必要だと考えられていた。

ダークマターがあると、その重力により光が曲げられ、レンズのような働きをするために「重力レンズ」と呼ばれ、ごくわずか銀河の光の変化でさえ、ハッブル宇宙望遠鏡でとらえることができるのだ。

これを測定することでダークマターの分布が調べられると、泡のような銀河の分布とダークマターの分布がピタリと一致したので、銀河はダークマターの重力により、泡構造を作っていたと判明した。

宇宙が液相から固相に転換する過程で、不純物として追いやられた気相（泡）が寄せ集められ、この気相の膜面が銀河の母胎となった。相転換から生じた熱から電磁波が生じ、電磁波が気相の膜で進行を阻止されると、そこに物質が生じ、銀河が形成されたのである。

このように集合した気相の一粒一粒がそれぞれ銀河の卵で、この卵がそれぞれ銀河になったのである。

92 月では昼間でも空が暗いのはなぜ？

1961年にボストーク1号に搭乗し、人類史上ではじめて大気圏を飛んだ旧ソ連の宇宙飛行士ユーリイ・ガガーリンは、地球に帰還後に「地球は青かった」と言ったと報道された。

だが正確には、ガガーリンは「空は非常に暗かった。一方、地球は青みがかっていた」と言っていたようだ。

そして8年後の1969年7月に、アメリカのアポロ11号が月面着陸に成功した。船長のアームストロングが、月面に第一歩を踏み出した際に「一人の人間にとっては小さな一歩だが、人類にとっては大きな飛躍である」とした言葉は、全世界の感動を呼んだ。

また、アームストロングは、月の空が真っ暗であることも伝えていた。だが、彼らが撮影した写真には、星がまったく写っていなかった。そのためアポロ11号の月面着陸がウソだとする者もいた。

地球の空は、分厚い大気やチリなどの微粒子に覆われていて、太陽からの光を空全体に散乱させている。地球に届いた太陽の光は地面や海が反射するため、地球では昼間の空は明るいのだ。地球の昼間の空は明るいために星は見えないが、星が消えたわけではない。

しかし、月には大気がないので太陽の光は拡散できず、太陽の光は一直線に月面を照らすだけで周囲を明るく照らすことはなく、月から見える空は真っ暗に見える。

空が真っ暗なら星が見えるはずだと思い込みがちだ。月の空にも星はあるのだが、光が拡散しないため弱く見える。そして撮影する場合は、人物の多少の動きにも対応できるように、露出時間を短くするためシャッタースピードを速くする。そのため光りの弱い星は写らなかったのだ。

なぜ昼間なのに月が明るく見えるときがある？

地球上では昼間は明るいために星は見えない。だが、月が白く見えていることがある。

星の明るさを等級で表し、人の目で見える一番暗い星は6等級、明るい星はマイナス1等級以上だが、自ら光りを発する恒星ではない月だが、満月ではマイナス13等級と格段に明るいので、新聞を読むこともできる。

地上では昼の間は、太陽の光が地球の大気に含まれる水蒸気やチリなどにあたって散乱するため明るいのだが、この光の散乱が星や月の光を打ち消している。空気の澄んだ高い山や飛行機から見ると、散乱光が少なくなって打ち消されていた弱い光も見えるようになり、明るいときの金星なども昼間に肉眼で見ることができるという。

地球から一番近い星でも40兆キロも離れているが、月は地球から38万キロの距離と近いために、空の明るさに打ち勝って見えるのだ。

月は27日をかけて地球の周りを一周しているので、太陽に照らされている部分も日によって変わり、月の形も変化して見える。

月は昼間は明るい太陽に邪魔されて夜ほどには目立たないが、地球の自転と月の公転がちょっとずれているため、月が昼間に白く見えることがある。

満月から新月に向かう下弦の月は、朝方の南から西にかけて見える。新月から満月に向かう上弦の月では、正午ごろから東から南の空で見られる。

日本語では、夜が明けても月や星が見えるのを「明け残る」といい、明け残った月を「有明月」「残月」「朝月夜」などと表現して、叙情的なものを深く感じることができる。

「台風」の発生から消えるまでのメカニズムとは？

台風が発生する場所は、日本の南方の熱い海上だ。

海に強い太陽が照りつけて、海水の蒸発がさかんになって上昇気流が起こって気圧が下がる。すると、まわりからその海面に向かって、渦を巻きながら風が集まってくる。

このとき、水蒸気が水滴へと変化するので、その際に放出する熱により上昇気流が強くなり、さらに大量の水蒸気をたくさん含んだ空気を吸い込んで発達する。放出された熱が、まわりの空気をも温めて、さらに上昇気流を強めていく。こうして上昇気流を作るサイクルが繰り返されていくうちに、小さかった空気の渦が大きな渦にまで発達していく。

このようにして発達した低気圧を「熱帯低気圧」といい、熱帯低気圧の中でも、中心で吹く風が1秒間に17・2メートル（34ノット）以上の速さで、物を飛ばしてしまうくらいに強くなったものを「台風」という。熱帯低気圧か台風かは、風の強さによって決まるのだ。

風の速さが秒速17・2メートルというのは、中途半端な数字だが、船乗りたちの経験からこれより風が強くなると船が沈んでしまう危険があるということで決められた。

台風はコマのように回転しながら移動していくが、海水の熱によって、どんどん大きく育っていく。

雲のかたまりが台風になるまでの間を「発生期」といい、海からの水蒸気をたくわえながら、成長し続けていくのだ。台風が生まれてから、最も勢いが強くなるまでを「発達期」という。風が最も強くなると台風は「最盛期」に入り、高い空を流れる風に乗って、南の海から北に向かって進みはじめる。そして、台風の力が弱くなって、消えてしまうまでの間を「衰退期」。最後に台風は「温帯低気圧」に変わって、やがて消えてしまう。

95 「海が塩辛い」理由は地球誕生までさかのぼる？

塩辛い海水ができた理由は、地球ができた46億年ほど前にさかのぼる。

地球は最初から大きかったわけではなく、小惑星が衝突しては一体化することを繰り返し、約46億年前に地球になった。

その頃の地球は表面がマグマで、地表温度は１０００℃以上もあった。空は水蒸気や塩素ガスで覆われた灼熱の星で、地球上の水分は水蒸気の形でしか存在できなかった。

誕生から約3億年もの時間をかけて、地球は冷えていき、大気中の水蒸気は雨となって塩素を溶かしながら地球に降り注ぐ。これが地球に降った最初の雨だ。

この雨は大気中の塩素が大量に溶け込んでいる塩酸の雨だった。塩酸の雨がようやく冷え固まったばかりの岩石を溶かしていくと、雨に含まれる塩素と、岩石に含まれるナトリウムやマグネシウムが化学反応を起こし、塩化ナトリウムなどの塩類ができた。これが43億年ほど前のことで、海の始まりである。

最初の海は、塩酸が含まれた酸性の海水だったが、徐々に岩石に含まれるナトリウムと反応して、塩素を含んだ水にナトリウムが溶け、塩化ナトリウム（塩）の水ができた。こうして塩辛い海水ができた。

もう一つ、地球に陸ができてから徐々に塩辛くなったという説もある。地球に陸ができたのはおよそ27億年前で、陸地の岩や土に含まれていた塩素やナトリウムが雨によって溶け出し、海まで運ばれた。海水が太陽に照らされると、水分だけが蒸発する。これが何億年も繰り返されるうちに、塩分濃度が徐々に濃くなったというものだ。

現在ではこれら二つの説が相まって、海はしょっぱくなったと考えられている。海から蒸発する水は４２５兆トンだが、海に供給される水は、雨から３８５兆トン、川から約40兆トンなので、差し引きゼロで釣り合っているのだ。

雨は、主に海の水分が蒸発し、空気中で寄り集まって水滴になることでできる。この時、塩分は蒸発せず、海に残るので、海の塩分濃度はわずかながら上がる。雨が降ると、塩分濃度が薄められて元に戻る。

そのため、雨がいくら降っても海の塩辛さは薄まらないのだ。

96 なぜ青い空が、夕暮れで赤く染まる？

簡単にできる理科実験に「雨の日にスーパーなどの入り口に置いてある傘袋の中に水を入れ、そこに牛乳を少し加えると、牛乳で少し濁った水になる。これに懐中電灯のライトを当てると、ライトに近いところではすべての色の波長の光が届いていて、よく散乱する波長の短い青系統の色が目立つ。ライトから離れるにしたがって、青い光は届かなくなり、波長の長いオレンジ色が残るようになる。最も離れたところではオレンジ色が濃くなっている」がある。雨の日に使った傘袋で一度やってみてはいかがだろうか。

地球上の大気でも同じようなことが起こっている。

太陽から降り注ぐ光は電磁波の一種で、その中で人が目で感じることができる波長のものを「可視光線」という。

可視光線は、波長が短いほうから紫・藍・青・緑・黄・橙・赤の順になる虹の七色で、太陽から届く可視光線は、すべての波長が重なるとほぼ白になる。

紫よりも波長の短い「紫外線」や、赤よりも波長の長い「赤外線」は可視光線ではないので、目には見えない。

空が青く見えるのは、波長の短い青の光は空気の分子などにぶつかると早く散乱して空に広がるからだ。紫のほうは波長が短いが、紫の光は青の光のエネルギーに比べて弱く、平地では人間の目まで届かないので空は紫に見えない。

日の出や日没のときに空が赤や橙に見えるのは、朝や夕方は、光が空気の層を斜めから差し込むため、大気の中を通る距離が長くなる。すると、波長の短い青い光は、早い時点で散乱し、そのエネルギーが弱いため私たちの目に届く前に消えてしまい、波長の長い赤や橙の光だけが届くようになるからだ。

97 地球に水があるのは、太陽との絶妙な距離のおかげ？

地球は表面の約70％が水で覆われている。この水の存在が地球と太陽系にある他の惑星との決定的な違いとなっている。

太陽の周りには無数の微惑星などができ、それらが衝突を繰り返して惑星が誕生して太陽系ができたが、もともとどの惑星にも水の材料はあった。

だが、初期の太陽系の内部は、あまりにも温度が高すぎたため、水や氷、水蒸気もすべて、強烈な太陽風によって吹き飛ばされてしまった。したがって、地球のある太陽系が形成された初期に地球には水はなかった。

少し前までは、地球に水ができたのは、氷や塵からできた彗星が地球にぶつかって水が生まれたとする説が語られたが、彗星探査機「ロゼッタ」の観測チームが、小惑星の衝突によってもたらされた可能性が高いと発表した。

木星が形成されると、その重力で重力攪乱が起こり、氷に覆われた微惑星が隕石になって地球に降り注いだという。

太陽に近いと温度が高いので、宇宙空間で水は水蒸気になって、惑星に取り込まれない。逆に太陽から遠いと氷になるので、岩石や金属の塵と一緒に惑星の一部になる。この境を「スノーライン」といい、スノーラインより太陽に近い微惑星は乾燥し、遠い微惑星は氷に覆われる。

火星には、かつて水が存在していた痕跡があるとされるが、太陽からの距離が遠く、もし水があったとしても液体の状態ではない。月は小さく重力が地球の6分の1であるため、水や大気の分子を地表にとどめておくことはできない。金星は太陽からの距離が近く、水はすぐに蒸発してしまう。

地球が水を液体の状態で保持できているのは、奇跡的なことである。引力が水分子をとどめられる大きさで、太陽との絶妙な距離間であるからなのだ。

98 これから起こりうる「地磁気の逆転」がなにをもたらす？

地球は大きな磁石である。

地球の磁場は高温の中心核で生み出され、中心核は固体の金属でできている内核と、その周囲を液体の金属でできた外核が取り巻いている。

中心核は熱を外に逃がそうとして対流しており、その対流が電流を発生させて磁場を生み出しているのだ。

現在は南極付近にN極、北極付近にS極があるが、地球内部に何らかの変化が起こり磁極の逆転が起こることがある。

地球の歴史上ではこれまでに何度も地磁気が入れ替わっており、過去360万年の間で11回もあったという。堆積された地層中の鉱物に残された微量な磁気を分析することで、その時代が明らかになる。

前回の逆転から約78万年が経過しており、その証拠になる約12万6000年～77万年前の地層が、千葉県の市原市で発見された。

地磁気が完全に入れ替わるまで、磁気が不安定な状態が続くこともあり、千葉での地層は磁気が正常な時代、不安定な時代、逆転の時代と連続して確認できる地層帯である。

この層は、日本語で千葉時代という意味の「チバニアン」と命名され、国際的な認証が得られる最有力とされている。

だが、前回の地磁気逆転から約78万年が過ぎ、近年の数十年で地磁気が弱まっているとされ、次回の地磁気逆転がいつ起きても不思議ではないという。

地球を取り巻く磁場は、宇宙線と呼ばれる高エネルギーの有害な放射線などをブロックしているが、地球の地磁気の逆転がはじまって落ち着くまでの間は、地球の磁場が通常の10分の1に弱まってしまうのだ。

それによって、太陽から有害な放射線が地球に降り注いで、世界中の電子機器などのナビゲーションシステムは破壊され、地球上のあらゆる生命が危険にさらされて、人類は壊滅的な打撃を受けるとされている。

99 月と反対側が満潮になるのはなぜ？

海は一日に2回、潮の満ち引きが起こっている、それは主に月の引力によるものである。地球と月はその間に働く引力のバランスが取れる距離を保って互いに廻っており、月に面した海は月の引力によって海面が引っ張られ、海水が盛り上がって満潮になる。その真反対の海は月の引力が弱く、さらに地球と月の回転による遠心力によって「満潮」になる。これを「起潮力」という。

その中間の海は海水が減るために「干潮」になる。

太陽も月の半分ほどの引力で海水を引っ張っていて起潮力がある。太陽と月が一直線に並ぶと、潮の満ち引きが大きくなり「大潮」になる。

世界で最も干満の差が大きいところは、カナダのファンディ湾で、15メートルもの差になるという。5階建てのビルに相当する潮位の差だ。

日本の太平洋側では1・5メートルほどの差とされるが、アジアでも韓国の仁川は10メートルの差があり、潮が引くと停泊している船は座礁しているようになる。

100 「オーロラができる」のは太陽に秘密があった？

オーロラは北極や南極など高緯度のところで見られる現象で、赤や緑、紫、黄色などさまざまな色がカーテンのようになって大空をゆらめきながら輝き、この上なく神秘的で、見る人を感動させる。

オーロラを起こすもとになるのは「太陽風」だ。太陽風は太陽から吹き出されたプラズマの流れで、電子や陽子がまるで風のように地球に押し寄せてくる。

地球は大きな磁石であるため、太陽から飛んできた電子や陽子はS極の北極やN極の南極に引き寄せられ、大気の酸素や窒素を刺激して光を発する。これがオーロラで、その色、形、動きには、太陽と地球の間の宇宙空間の情報が詰まっている。

オーロラは「天から送られた手紙」といってもいい。

オーロラは発光の原理は街のネオンサイン、家庭の蛍光灯と同じ放電現象である。だがどのようにして太陽風が地球の磁力圏に入り込むのか、なぜプラズマは特定の部分にたまるのかなどについては諸説あっていまだ統一されていない。

主な参考文献

『宇宙の誕生と終焉』松原隆彦　SBクリエイティブ／『理系の大疑問』話題の達人倶楽部(編)　青春出版社／『身近にあふれる「科学」が3時間でわかる本』左巻健男(編著)　明日香出版社／『身近な疑問がスッキリわかる理系の知識』瀧澤美奈子(監修)　青春出版社／『いきなりサイエンス』ミッチェル・モフィット、グレッグ・ブラウン(著)　西山志緒(訳)　文響社／『最新の科学でわかった最強の24時間』長沼敬憲　ダイヤモンド社／『おいしい料理には科学がある大事典』　宝島社／『科学の質問箱1　シマウマの毛を切ってもシマ模様?』子供の科学編集部(編)　誠文堂新光社／『一目惚れの科学』森川友義　ディスカヴァー携書／『宇宙が始まる前には何があったのか?』ローレンス・クラウス(著)　青木薫(訳)　文藝春秋／『日本大百科全書』　小学館／『世界大百科事典』平凡社／『理科年表』国立天文台(編)　丸善出版／『図解　身近な科学』涌井貞美　KADOKAWA／『イケナイ宇宙学』フィリップ・プレイト(著)　江藤巌ほか(訳)　楽工社／『日本人の9割が答えられない　理系の大疑問100』話題の達人倶楽部(編)　青春出版社／『今さら聞けない科学の常識』朝日新聞科学グループ(編)　講談社／『今さら聞けない科学の常識2』朝日新聞科学グループ(編)　講談社／『今さら聞けない科学の常識3　聞くなら今でしょ』朝日新聞科学医療部(編)　講談社／『時間を忘れるほど面白い雑学の本』竹内均(編)　三笠書房／『身近にあふれる「科学」が3時間でわかる本』涌井貞美　明日香出版社／『思わず話したくなる　地球まるごとふしぎ雑学』荒舩良孝　永岡書店／『宇宙はなぜこのような宇宙なのか　宇宙原理と宇宙論』青木薫　講談社／『子どものなぜ?に答える本』科学プロダクションコスモピア丸善メイツ／『猫はふしぎ』今泉忠明　イースト新書／『新しい宇宙のひみつQ&

A』的川泰宣　朝日新聞出版／『500億の銀河と700垓の星をもつ宇宙　天の川からブラックホールまで』ポール・ロケット（著）藤田千枝（訳）玉川大学出版部／『宇宙』小学館／『大人の時間はなぜ短いのか』一川誠　集英社新書／『涙腺の涙の分泌　いったい『涙—泪（なみだ）』はどのようにして分泌されるのか』吉川太刀夫　文芸社　ほか

主な参考ホームページ

文部科学省、厚生労働省、国立天文台、ナショナルジオグラフィック日本版サイト、宇宙航空研究開発機構（JAXA）、JAXA宇宙情報センター、気象庁、ユニリーバ、WEB本の雑誌、ダイヤモンド・オンライン、産経ニュース、テルモ体温研究所、桐灰、朝日新聞デジタル、ライフハッカー日本版、WWFジャパン、独立行政法人水資源機構利根導水総合事業所、MARUHA NICHIRO、PLoS Biology、AFP、新R25、J-CASTニュース、FNN PRIME、Psychology Today、じゃぱん、アストロアーツ、JAMSTEC、猫の感染症研究会、MSDマニュアル、ほか

青春文庫

ヤバいほど面白い！ 理系のネタ100

2019年 8 月20日　第 1 刷

編　　者　おもしろサイエンス学会

発行者　小澤源太郎

責任編集　株式会社プライム涌光

発行所　株式会社青春出版社

〒162-0056　東京都新宿区若松町 12-1
電話 03-3203-2850（編集部）
03-3207-1916（営業部）
振替番号　00190-7-98602

印刷／大日本印刷
製本／ナショナル製本

ISBN 978-4-413-09729-1

ほんとうのあなたに出逢う ◆ 青春文庫

1秒でつかむ儲けのツボ

発想、戦略、しくみづくりから売り出し方まで、一瞬でビジネスの視点が変わる「アイデア」を余すところなく紹介！

岩波貴士

(SE-724)

ハーバード&ソルボンヌ大の最先端研究でわかった新常識 人は毛細血管から若返る

いくつになっても毛細血管は自分で増やせる！　今日からできる「毛細血管トレーニング」を大公開

根来秀行

(SE-725)

なぜ一流ほど歴史を学ぶのか

歴史を「いま」に生かす極意を歴史小説の第一人者が教える。出口治明氏との対談「歴史と私」も収録！

童門冬二

(SE-726)

できる大人の教養 1秒で身につく四字熟語

あやふやな知識が「使える語彙」へと進化する！　仕事で、雑談で、スピーチで、つい使いたくなる210ワード

四字熟語研究会［編］

(SE-727)